料理道具案内

百年老舖釜淺商店的理想廚房用具

釜淺 商店
熊澤大介 4代目店主

La Vie
Life Is a Design

前言

總是惠我良多的「好料理道具」！

想要成為料理高手，捷徑莫過於選擇「好的廚房用具」。即使是壽司店老師傅，要是使用不鋒利的菜刀，也沒辦法切出切面漂亮的生魚片；無論廚藝多麼高明的廚師，如果使用鍋底薄得像玩具的平底鍋煮菜，也沒辦法煎出帶點微焦的美味肉排。

每天都有許多廚師來我們位於東京合羽橋的「釜淺商店」找廚房用具，「好的廚房用具總是惠我良多。」就是他們告訴我的。

換句話說，正因為有好的廚房用具，才能做出精緻、美味的料理。正因為是製作美味料理的廚師，才如此珍惜自己用習慣的優秀廚房道具。

那麼，什麼是好的廚房用具呢？

書中將介紹我們釜淺商店製作的良好廚房用具，以及與這些用具建構彼此信任的方法。希望大家在看完本書後，能更喜愛鍋子、平底鍋與菜刀，更享受每天的料理與生活。

CONTENTS 目次

菜刀篇

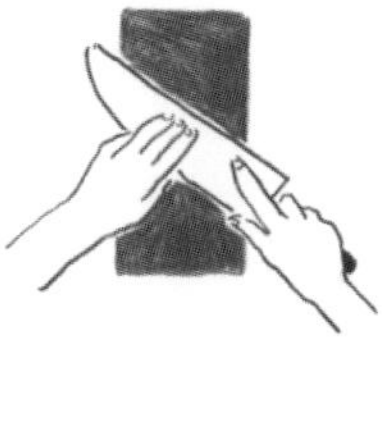

認識用具 之1

能豐富生活的用具是有「理由」的

「怎麼樣的用具稱得上是好用具呢？」

我在店裡時，常被問到這個問題，這時我總會回答：「有理由的東西」。

一種用具不是無意中做成的，也不是因為這樣做很好看，所以才做成如此，它設計成這樣的形狀、使用這種材質與塗成這種顏色，都有確切的理由。先人們使用了各種東西，他們透過不斷地改良，結合許多智慧與技術，做出更方便、功能更佳、用起來讓人更愉快的東西，這樣的廚房用具，才足以稱為好廚房用具。

所以，選擇廚房用具的標準就是是否有理由。有理由的廚房用具未必有裝飾，多半質樸無華，但是當你使用它時，就會慢慢感受到它的魅力，並在不知不覺中為之深深著迷。

對我們來說，這樣的廚房用具不只是用具，還是「良理用具」。

在使用有理由的廚房用具時，只要了解其理由，無須改變使用的步驟與用法，你就會發現，烹調技術不可思議地提升了，實際吃一口煮好的料理，會覺得吃起來比以前更美味。然後，你是不是也開始思索著，接下來要用它煮什麼料理才好呢？

等到你回過神來，會發現自己對每天的生活都充滿了期待。遇見好廚房用具將為你平凡的每一天帶來變化，也會大大豐富你的生活。

從右起，鐵釜（30cm）、南部鐵壺（1.5L）、壽喜燒鍋、南部圓淺鍋（22cm）、南部寄鍋（24cm）。

鐵壺

欣賞、觸摸，在日常生活中感受南部鐵器的奧妙

乍看南部鐵器，你或許會覺得太高級，不易入手，但它是了解手工製作智慧與技術的最佳教材。這個鐵壺是鐵器製品的代表。鑄鐵能讓水喝起來更溫醇，雅致的外表光看就覺得愉快＝南部鐵壺（1.5L）。

壺把的內部是空的，即便鐵壺冒著熱氣，無論鐵壺多燙，都能直接握住握把。

壺裡是灰色的，以「釜燒法」製作，用一千度高溫將其燒得火紅，表面就會形成一層防鏽的酸化皮膜。

鐵壺不只是愛茶人喜歡的用具，師傅以細緻手工做出的「侘寂」*，和風感十足。

* 侘寂（Wabi-sabi）是從佛教三法印派生的概念，特別是無常。是日本傳統藝術如茶道、陶藝的目標，藉由藝術的手段營造出一種情境，讓人們能夠安靜下來，看見簡單的價值，與自然和諧共鳴。

為了讓米飯煮得更美味，經過深思的機能美

鐵釜

以前日本人使用鐵製釜鍋來煮飯。由於是鐵製品，導熱性佳，鑄物的表面還能去除水中的雜質，木蓋則能吸收多餘的水分，因此能煮出飽滿、有嚼勁又鬆軟的米飯＝鐵釜（30cm）。

鍋緣的設計是為了能放在爐灶上。
當火包圍整個釜鍋時，導熱均勻，
創造出最適合烹煮米飯的環境。

木蓋能與鍋子緊密貼合，還可以吸
收鍋裡多餘的水分，拜其所賜，煮
好的米飯不會濕黏。

鍋底為圓弧狀，以加強鍋
中的對流，讓米有充足的
空間，這是為了煮出鬆軟
米飯而做的設計。

鐵鍋

乍看很簡約，其實裡側與外側都經過仔細用心的處理

鐵鍋的形狀與大小種類繁多，一般來說，壽喜燒鍋與圓鍋是大家印象中適合和食的鍋。事實上，鐵鍋無論是煎、炒、炸、烤，炙烤，每一種料理法都做得到，是非常棒的全能鍋具＝鐵鍋（22cm）。

表面粗糙的鐵器，據說拿來烹
調食物的話，能讓人攝取到器
具裡的鐵質。

鍋底有三個腳，讓鍋子能
放得很穩固，菜煮好後還
可以直接端上桌。

日式菜刀

這些菜刀創造出了受到世界讚賞的和食之美

基本上，菜刀可分成只有單面有刀刃的單面刃，以及雙面都有刀刃的雙面刃。單面刃源於日本，是與和食文化一起發展出來的，因此被稱為「日式菜刀」。也只有日式菜刀才能切出生魚片晶瑩剔透的切面，展現出和食之美＝出刃（15cm）。

金屬部分與刀柄的連接部位稱為「口」。多半使用與木頭一樣，遇到水會緊縮的水牛骨製成。

仔細看一下刀柄底部，會發現它呈現橢圓形或栗子狀，這種刀柄形狀的設計考量是易握、不滑手。

單面刃有刀刃的那一面（表面）往下，邊拉邊切，設計構造易於水平移動。單面刃的刀刃前端也很銳利，不會破壞魚肉的纖維。

西式菜刀

具備迷你形狀與性能，各種不同情況都能應付自如

雙面刃大多從海外進口，因此被稱為「西式菜刀」。適合切肉，也可以切蔬菜和魚，堪稱萬用刀，很適合一般家庭使用。此菜刀的切法為由上往下切＝牛刀（21cm）。

西式菜刀與日式菜刀不同，兩側都有刀刃，為了方便切肉，尖端的刀鋒非常銳利。

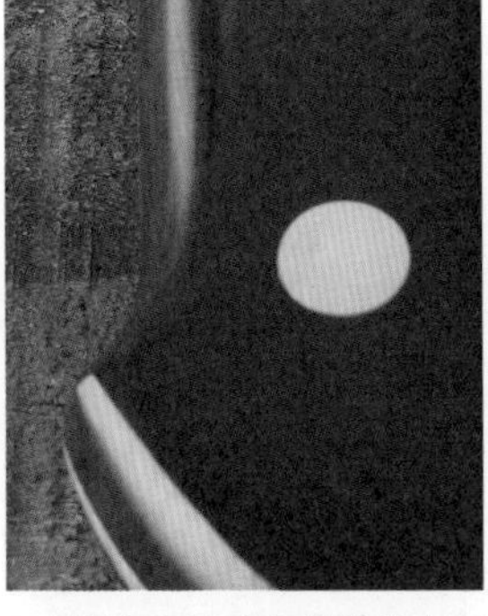
刀柄以柄釘固定在樹脂與木頭上。與由專業師傅手工製作的日式菜刀不同，西式菜刀多半是工廠生產的。

平底鍋

了解材質與工法，用具才能產生獨特的風味

簡單說，平底鍋的材質有鋁、鐵和不鏽鋼，也有不易燒焦和不易沾鍋的特殊材質，每一種材質各有其優點。最近大家反而喜愛又重又容易生鏽的鐵製平底鍋＝手工生鐵平底鍋（22cm）。

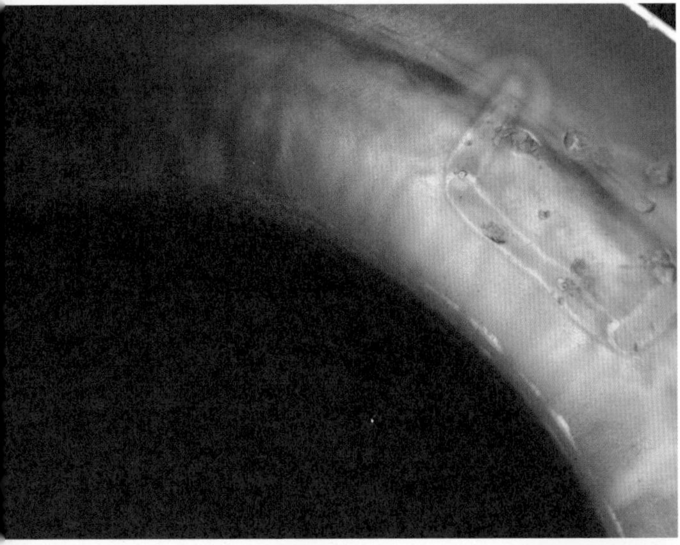

底部用鐵槌敲打過三千次，打出了波紋。這種凹凸波紋會因油的浸潤而留下充滿韻味的焦色。握柄是用焊接的，沒有小螺絲，鍋內不會有多餘的凸起，握拿時非常方便。

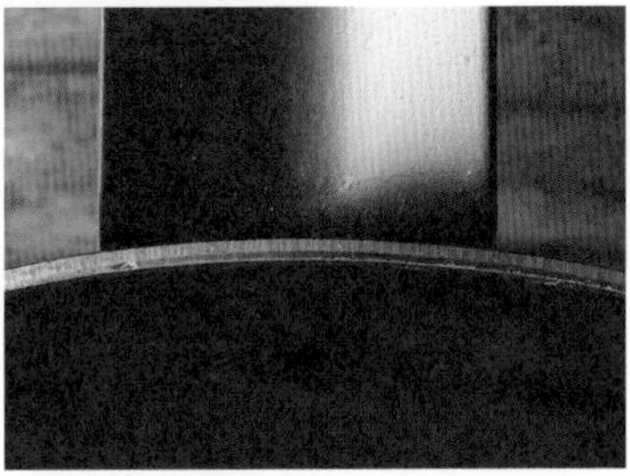

厚度為 2.3 公釐，比一般鍋子厚，容易將熱導入食材中，蓄熱性佳，炒出來的菜爽脆可口。

握柄位置低，蓋上鍋蓋後亦能蒸、烤。平坦的外貌非常漂亮。

雪平鍋

常常派上用場，很少當配角，幾乎都是主角

雪平鍋可以煮、川燙、熬煮高湯，每天都能派上用場。對於雪平鍋稍微講究一點的話，每天的生活將會更愉快。這是由專業師傅手工製作的鍋子，在光線的照射下，能看到它各種不同的樣貌＝姬野手工雪平鍋（15cm）

鍋子上的凹凹凸凸是分別用三種不同的鐵槌敲打出來的。藉由敲打，能讓鋁更緊密、更堅固耐用。

由於鍋子厚達 3 公釐，所以能均勻導熱，適合熬煮湯汁。湯汁可以直接從嘴口倒出，非常方便。

認識用具—之2

與用具的關係從「馴養」開始

持久耐用是好用具的條件之一，但你也必須愛惜它、保養它，依照不同東西的狀況，在使用前調整到最佳狀態。剛開始使用時如果沒有仔細保養，用具原本的特質是無法發揮出來的，不只如此，它還會生鏽、無法切斷東西，讓你更加無法掌控它的狀況。

但是，如果你願意多花點心力在它身上，好用具就會變得更好用、更順手。而且還會配合不同使用者的使用習慣，演變成獨特的樣貌。用得越久，越能呈現鮮豔漂亮的模樣，增添有深度的風情。最後就變成了真正只有你自己擁有，一件特別的物品。

這就是「馴養」。

有的用具是在購買的瞬間即邁入劣化之路，最後變得不堪使用時，不得不買新的來替換，另一方面，好用具是你越用，狀態會越變越好、越來越好用，無論是外觀或色澤或風情都更具魅力。從某種層面來說，其未完成的部分，是為了配合使用者的喜好而留下來的「留白」。

如果你能與用具如此相處的話，保養確實會變成一件愉快的事。對用具的喜愛也會一點一點地湧現出來，如此一來，你一定會有遇到能與自己年紀共同增長、能伴隨自己一輩子的伙伴的真實感。

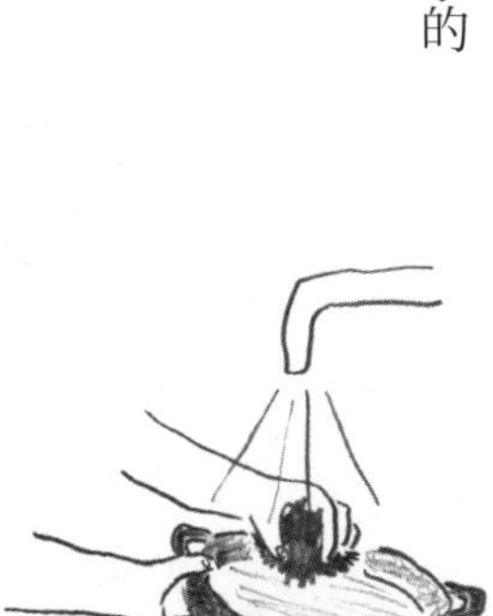

南部鐵壺（1.5L）

南部鐵壺

天天共處的話，會變成不可或缺的用具

這個鐵壺我用了大約五年，原本壺內側的灰色變成帶點紅色，看起來像是有點生鏽，其實完全沒問題，這是養壺養得很好的證據，已經用到這種程度了，絕不可能放手不用。順帶一提，內側不要用力刷洗，會將好不容易形成的保護皮膜刷掉，那才是造成生鏽的原因。

鐵釜

歲月痕跡
留在每一個傷痕上，
讓它更具魅力

即使鍋緣少了一小角，即使有湯汁溢出的痕跡，但這正是它曾煮出美味米飯的紀錄。這個鍋子陪伴了我十年，我連它的傷痕都愛。我想要它陪伴我一輩子，不，我還想將它傳給下一代，他們一定會很珍惜它。

南部淺鍋

因油的浸潤而泛出黝黑光澤，今日它也讓我雀躍不已

以鐵鍋來說，每天使用就是最好的保養方式。你每做一次菜，鍋子就會吸入油，表面就能形成保護油層，即使燒焦也不會附著於鍋面，做出來的料理也變得比以前更美味，讓你更想使用它，想與它維持永遠的關係。

出刃

一把用慣的刀，訴說著它曾做出許多美味料理

這把刀是東京惠比壽一家隱藏在巷弄裡的人氣餐廳「魚之骨」的老闆櫻庭基成郎使用了十年的愛用出刃。原本白色的刀柄因為每天持握而變成黃褐色，顯得更加沉穩。它到底切過哪些食物呢，光是如此想像就讓人興奮不已。

柳刃

雖然細，存在感卻很強，讓人無法移開目光

這把刀也是跟櫻庭老闆借來的。他在磨刀時，刀刃的部分也會磨，經過無數次研磨之後，與新買來的刀子相比，刀刃甚至減少了一半以上。如此一來，會覺得這把刀彷彿就像是自己的分身。

手工生鐵平底鍋

看起來不易親近的外表，會轉變成平易近人的表情

因為是鐵製的，所以比一般家庭使用的平底鍋來得重，如果殘留水氣還會生鏽。一開始覺得不太好用，但是一旦用它來炒與煎烤，你會驚訝地發現料理明顯的差別。等你留意到時，你已經喜愛它到了每天都想用它了。

姬野手工鋁製雪平鍋

新品的光輝是極具風味的顏色

全新的姬野手工鋁製雪平鍋在光的照耀下會閃閃發光，使用過後，原本的光輝則會消失，呈現出沉穩的味道。那種感覺就好像是原本順道來家裡玩的客人，卻在不知不覺中住了下來，最後變成家庭的一員。

南部鐵器篇

來了解用具的「故事」吧！

南部鐵器的證明：出產於盛岡與水澤

想與用具好好相處，首先得知道用具的故事，這是很重要的。這件用具如何產生、歷經過怎樣的背景和環境才走到現在的樣子、製造的過程、創造它的場所等，一旦你知道了用具的各種「故事」，就算是原本覺得很難相處的用具，你也會覺得立刻與它縮短了距離。

用鐵鑄成的南部鐵器源於江戶時代，位於現今岩手縣盛岡的南部藩藩主，對於當時作為武士文化教養一環的茶道深感興趣，約在十七世紀中期，從京都聘請了製作茶湯釜的釜師，開始製作鐵器。「南部」這個名字，就是從當時的藩名而來。

盛岡一地擁有能作為鑄物原料的優質鐵砂，南部藩則擁有比其他各藩還多的鑄鐵師與釜師，又致力於保護育成，因此發展有成。約在十八世紀，將釜改良成小型款，鐵壺就此誕生，不只武士，連一般民眾都能輕鬆使用。

另一方面，同樣在岩手縣內，位於舊水澤市（在二〇〇六年時市町村合併，現在是奧川市水澤區）的伊達藩領，自古以來就盛行鑄造鍋具與風鈴等日常用品。與盛岡一樣，每一件物品都是專業師傅一個一個以手工製作，自古以來的傳統技術與技法也因此代代相傳至今。

現在全日本都有鑄鐵產地，但只有盛岡和水澤生產的鑄物，才能稱為南部鐵器，購買時請務必確認生產地，這一點很重要。

能補充鐵質攝取的用具

用鐵壺煮開水，每天早上喝一杯，對身體很好，尤其是貧血的人與孕婦用鐵鍋來煮菜比較好——從以前就有這類關於南部鐵器的生活智慧，而這種說法其實並非毫無根據。

首先，鐵器有淨化水質的作用，當鐵壺裡的水沸騰時，水中的雜質會附著在鑄物的表面，讓水變得更溫潤順口。在釜淺商店裡，我們都是用鐵壺裝自來水來煮，待其煮沸後，直接飲用，不需要再用淨水器。讓人驚訝的是，明明不是瓶裝礦泉水，水喝起來卻圓潤又甜美。

更受到注目的是，用鐵器來煮菜，會從鍋具中溶出鐵質，在你吃下菜餚時，就有攝取鐵質的效果。近來許多小孩子都出現貧血的問題，有人指出，鐵質攝取不足，是因為現在大家都沒有使用鐵製鍋具。

事實上根據實驗，鍋具的鐵質比食物的鐵質更容易被身體吸收。不過，如果是像天婦羅等炸物料理，就沒什麼鐵質攝取效果，得是燉菜等需長時間燉煮的料理，或是加入醋和番茄醬等酸性調味料，鐵質才比較容易被溶解出來。

如果能像這樣明白用具的「故事」，你將更能體會用具的美好。

南部寄鍋（12cm）

用手拿看看，你的印象會大為改觀

南部鐵器給人質樸剛毅、粗獷，很有男子氣慨的感覺，但實際拿在手上，你會發現它有著平易近人的表情。

在好天氣的陽光下，它會散發淡淡的光芒，你可以看到它沉靜、優美的一面。這個鐵鍋的尺寸是能以雙手捧住的大小，圓滾滾的模樣惹人憐愛、讓人覺得無比可愛，總覺得不知不覺中能與它心意相通。

如此充滿魅力的鐵鍋最適合當作禮物。當收到禮物的人拿掉緞帶，拆開包裝紙，看到裡面是鐵鍋時，一定會覺得很特別。鍋具或許出乎意料地不起眼，但你可以把它變成有品味的禮物。

南部寄鍋（12cm）

南部寄鍋（9、12、15cm）

南部鐵器的理由

沉甸甸的重量是有原因的

進入食材裡的熱度是柔和、沉穩的

黑色、硬質、古樸，這些是大家常見的南部鐵器的模樣。鐵原本的顏色是灰色，之所以呈現黑色，其實是為了避免生鏽而塗上的漆色。拿在手上時，南部鐵器比一般鋁製鍋具來得沉重，讓人確實感受著鐵的重量。份量感比較重這點，使人不自禁想用「沉甸甸」來形容南部鐵器。

然而，鐵這種沉重的材質優點很多，因為它很厚實，所以能慢慢導熱，讓進入食材裡的熱度是柔和、沉穩的。此外，一旦加熱以後，熱會進入鑄物的粗粒子裡，使得它的蓄熱性極佳，保溫度很高。

確實，鋁比鐵輕，因此鋁鍋比較容易使用。但相反的，導熱太好的鍋子會變成只有鍋底中間變熱，很容易讓食物燒焦。以這一點來說，鐵的導熱均勻，不會發生局部燒焦的情況。

再者，因為鑄物的鑄造法是將鐵熔解後倒入模型中，所以會形成表面有細小空氣層的狀態。一旦油進入空氣層，便會形成皮膜（保護油層），使鍋子不易生鏽與燒焦。而且鑄物與味噌、醬油等調味料的調性很合，味道會滲透進去，讓鍋具本身也散發出很棒的風情。

什麼料理都能應付自如

簡單地說，南部鐵器有各種不同的形狀、大小和種類。

鐵壺／鐵壺此一煮水鍋具是南部鐵器的代表單品。原本鐵壺是一整天都掛在地爐上的，所以把手才會做成空心狀，無論鐵壺有多燙，你都能徒手拿取鐵壺。鐵壺使用後，壺裡內側會出現紅色斑點，乍看之下很容易讓人誤以為是生鏽。煮水時，由於壺內是紅的，水感覺也變成紅色，屬於正常現象。這些紅色斑點能讓水變得更溫潤。

鐵釜／平常都用電子鍋煮飯，要是遇到特別的時刻，不如用鐵釜煮飯，度過豐盛又美味的時光吧！鐵釜有一圈鍋緣，這是為了放在爐灶上而設計的，讓火源不只能從鍋子底部加熱，連鍋子的側面都可以被火包圍住，讓鍋子的熱度均一，這就是設計的智慧。如果是在一般家庭使用，可以放在瓦斯爐上，與放在爐灶上的效果相同。鐵釜的底部設計成圓形，則是為了讓米粒能在釜中對流。

鐵鍋／鐵鍋可細分成麵釜鍋、寄鍋、壽喜燒鍋、南部圓鍋、田舍鍋、法國烤鍋、家用平底鍋等各種不同的尺寸，種類豐富。雖然有些鍋子的名稱裡有具體的料理名，但不一定只能煮那種料理而已，你可以活用不同尺寸與形狀，從煎、炒、煮、炸、烤到炙燒，還有煮飯，鐵鍋可說是全能鍋，非常厲害。有些有特定名稱的鍋子常常會讓人沒留意到它的全能性，在釜淺商店，原本一直稱一款鐵鍋為「手付壽喜燒鍋」，現在改叫「南部淺鍋」。

4
1
2
5
3

1 南部圓淺鍋（24cm）
2 法國烤鍋
3 田舍鍋（15cm）
4〔上〕南部圓鍋（18cm）
〔下〕南部淺鍋（22cm）
5 壽喜燒鍋
6 南部寄鍋（24cm）
7 家用平底鍋
8 南部寄鍋（9、12、15cm）
9 南部麵釜鍋

南部鐵器的製作

熟練的師傅一點一點手工製作而成

那麼，南部鐵器是如何製作的呢？現在我就以鐵壺為例來簡單說明。

❶畫圖與木型

首先思考鐵器的設計（作圖），再依此為基礎做成木模。

❷做鑄型

用手拿著木模來回旋轉，讓熔化的鐵汁流入，作成鑄型，做出鐵壺的形狀。

❸壓上花紋

在鑄型內側壓入花紋，並在鑄型表面貼上黏土，做出小小的凹凸，這個作業稱為「肌打」，目的是為了做出鐵壺表面的凹凸。

❹做中子

中子就是在鑄型裡填入砂型，這是為了讓鐵壺的內裡是空心的。

❺組合形狀

將中子放入鑄型裡，鑄型就完成了。

❻熔解鐵，注入鑄型

將鐵放入熔解爐裡熔解，再注入鑄型裡。

照片提供：及源鑄造

進行精細的手工作業。

「生型」的製造。

❼型完成

拿出鑄型，取出裡面的鐵壺。

❽防鏽處理

把鐵壺放入木炭爐中燒，以形成一層酸化皮膜，預防生鏽。

❾打磨與上色

用鋼絲刷刷洗外側的酸化皮膜，塗上漆等植物性樹脂。

❿裝上壺把

將壺把裝在鐵壺上。

順帶一提，鑄型有兩種作法。第一種是「燒型法」，將黏土與砂融合後燒製，是自古留下來的製法，能在鐵壺表面做出細緻、精細的花紋，做出輕薄、精緻的鐵器。

另一種是「生型法」，在砂裡加入水與凝固劑混合後，再壓製。生型法不像燒型法需要經過燒製的手續，只要將做好的鑄物取出，碎砂也可以重複使用，因此能壓低成本，適合大量生產。

需要經過如此繁複製作程序的南部鐵器，由於工作環境太辛苦，又沒有穩定的需求，近年來就和其他鑄物產地一樣，因為師傅高齡化與停業而備受關注。但另外一方面，外國觀光客其實非常喜愛南部鐵器，現在變成一物難求。對製造者來說，好不容易做出如此好的用具，應該盡量增加讓更多人使用的機會。

使用南部鐵器

用22cm的南部淺鍋，做出這些料理吧！

壽喜燒鍋與寄鍋都給人和風的感覺，會讓人覺得是和食專用鍋具，其實它們可以烹調各種料理，是非常可靠的廚房伙伴。

如果有鐵鍋的話，除了煎與煮，炒、燉煮、炸都沒問題，還可以烤和炙燒，也能煮米飯，可以說是只要一口鐵鍋，從和食到洋食、中菜、甜點統統都能做，範圍非常廣。更讓人開心的是，鐵鍋還能當成盤子，直接端上桌。

22CM的南部淺鍋是南部鐵器中使用性最廣的，我家也是用這款鍋子享受著烹調的樂趣。

番茄壽喜燒

RECIPE

NANBUTEKKI

食譜見 P.46、P.47

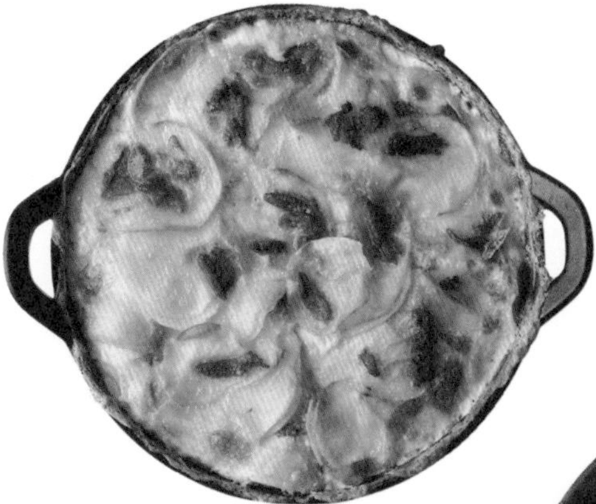

奶香焗烤馬鈴薯

燉煮漢堡排

麻油炒吻仔魚和油菜、豆皮

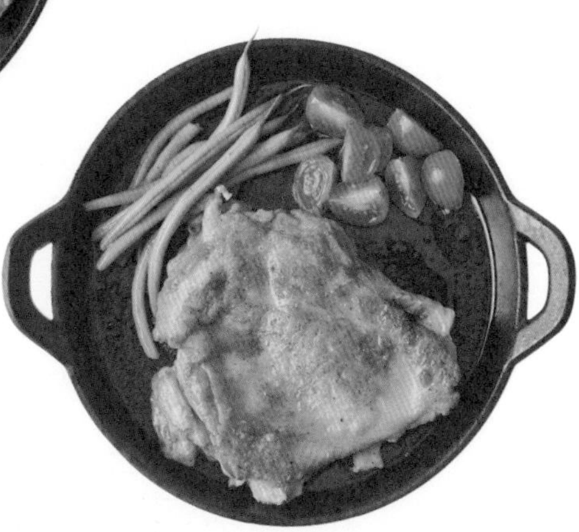

炙燒雞肉

散，灑上。

❸將鮮奶油淋在 2 上，放入烤箱烤 15 ～ 20 分鐘，完成。

（可依個人喜好灑上起司粉）

燉煮漢堡排

材料（2 人份）

牛絞肉…300g

洋蔥…1 顆（切末）

紅蘿蔔…1/2 根（切末）

紅蘿蔔…1/2 根（用奶油與糖熬煮）

蒜頭…1 瓣（切末）

蘑菇…1 袋（略炒過）

麵包粉…1/2 杯

荳蔻…適量

蛋黃…1 個

鹽、胡椒…各少許

多蜜醬（市售品）…適量

沙拉油…適量

作法

❶在大碗裡放入絞肉、炒過的洋蔥、紅蘿蔔、蒜頭、麵包粉、荳蔻、蛋黃、鹽、胡椒，混合攪拌至產生黏性。

❷在淺鍋裡塗薄薄一層沙拉油，加熱，將成形的漢堡肉煎至兩面呈焦色。

❸加入蜜煮紅蘿蔔、蘑菇、多蜜醬，蓋上鋁箔紙，燉煮 15 分鐘即完成。

麻油炒吻仔魚和油菜、豆皮

材料（2 人份）

油菜…1 把

豆皮…1 片

吻仔魚…適量

麻油…適量

鹽、酒…各少許

作法

❶在淺鍋中加入麻油，將豆皮和吻仔魚炒至帶焦色。

RECIPE
NANBUTEKKI

南部淺鍋食譜

（22cm）

番茄壽喜燒

材料（4 人份）

壽喜燒用牛肉…400g

芹菜或水芹…適量

洋蔥…4 顆

番茄…6 顆（一口大小）

蒜頭…2 瓣

橄欖油…適量

壽喜燒醬（市售品）…適量

作法

❶淺鍋裡放入橄欖油和蒜頭同炒，炒香後，放入切成厚片的洋蔥拌炒至熟。

❷將壽喜燒醬加入 1 中，再放入牛肉、芹菜、番茄熬煮。煮到一半的番茄已煮軟不成形、另一半的番茄仍然完整時，即為完成，盛盤。

❸若是將鍋中剩下的湯汁再稍微煮一下，加入煮好的義大利麵和起司粉，那就是拿坡里坦風*了。

* naporitan，日本人自創的番茄醬義大利麵。

奶香焗烤馬鈴薯

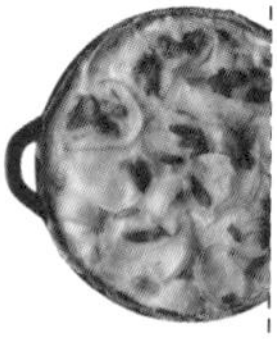

材料（4 人份）

鮮奶油…200cc

鯷魚…1 罐

馬鈴薯…3 ～ 4 個

作法

❶馬鈴薯洗淨去皮，切片後泡水，放在濾網上瀝乾。

❷將 1 放入淺鍋裡鋪平，用手將鯷魚剝

高湯粉…顆粒 1 大匙或塊狀 1 個

作法

❶雞肉、菇類、馬鈴薯、花椰菜切成一口大小；雞肉撒上鹽和胡椒調味；馬鈴薯和花椰菜稍微燙過後，放一旁備用。
❷寄鍋中先塗一層橄欖油，放入蒜頭炒香後，將雞肉炒至帶焦色，除了花椰菜之外，其餘蔬菜和菇類都放入，略炒。
❸加入水煮番茄、月桂葉、高湯粉，熬煮約 10 分鐘後，加入花椰菜。
❹煮滾後，加入鹽、胡椒調味，即完成。

南部淺鍋（20cm）

海鮮燉飯

材料（１～２人份）

米…1 合（約 180ml）
海鮮依個人喜好
蝦子…2 隻　花枝…4 片
海瓜子…2 顆　扇貝…2 顆
蔬菜依個人喜好
蘆筍…2 根
紅椒或黃椒…1/3 個
燉飯高湯…200g（市售品）
月桂葉…1 片

作法

❶海鮮先處理好，蔬菜切成一口大小，米不用洗。
❷淺鍋中放入米、燉飯高湯、月桂葉，全部鋪平。
❸放入海鮮與蔬菜，待煮滾後，蓋上鍋蓋，以中火煮約 10 分鐘。
❹熄火，蓋著鍋蓋續燜 10 分鐘，完成。

（食譜監修：熊澤三惠子）

❷將大略切過的油菜加入 1 裡同炒。
❸最後淋上酒，加入鹽調味，即完成。

炙燒雞肉

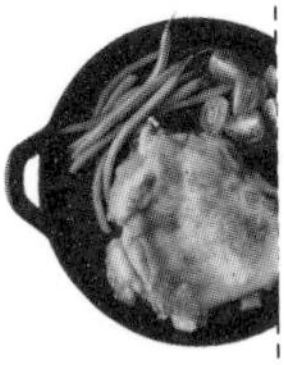

材料（２人份）

雞腿肉…1 片
橄欖油…適量
蒜頭…1 瓣（切末）
鹽、胡椒…各少許
A（四季豆、小番茄）…適量

作法

❶在雞肉上撒鹽、胡椒，用手揉捏使其入味。
❷淺鍋裡倒入橄欖油，放入蒜頭炒香。炒香後，取出蒜頭置於一旁備用。
❸先煎雞肉帶皮的那一面，煎至呈焦色後，將雞肉翻面，用小火煎 15 分鐘，並放入 A 一起煮。
❹最後將蒜頭放回鍋中，完成。
（也可再灑上柚子胡椒和松露鹽）

南部寄鍋（24cm）

番茄煮雞肉與菇類

材料（４人份）

雞腿肉…約 300g
菇類…適量
（金針菇、舞菇、鴻喜菇等）
馬鈴薯…2 個
花椰菜…1/2 株
水煮番茄罐頭…1 罐
蒜頭…1 瓣（切末）
橄欖油…適量
月桂葉…1 片
鹽、胡椒…各適量

有南部鐵器的生活

相處融洽、熟悉了之後，平淡的日常生活變得很優雅

南部鐵器有某些地方給人非日常與難以親近的感覺，但一旦將它放入日常生活中，意外地能融洽相處。

你不把它當作料理用具，當作室內裝飾雜貨也沒關係。可以放些小東西，或是當作放小點心的容器，因為它很重，也可以當作紙鎮，在不知不覺中形成充滿風情的模樣。你會驚訝地發現，房間的氣氛優雅了起來。

南部寄鍋（9cm，與上方圖片同款）

南部寄鍋（15cm）

如果你希望假日的早午餐與平日不一樣，何不試試把平底鍋換成鐵鍋呢？黝黑的鐵鍋內盛裝著荷包蛋，鮮豔的白色與黃色勾引著食欲，總能給人幸福的感覺＝南部淺鍋（22cm）。

南部鐵器的挑選

將實物拿在手中，試著跟它說話

我整理了選購南部鐵器時要注意的基準與重點。

CHECK 1

確認製作場所

南部鐵器指的是在發源地盛岡與奧州市水澤區（舊水澤市）製作的鐵器，雖然其他地區也出產鐵器，但如果你想購買正統的南部鐵器，請先確認是在哪裡製作的，可以確認包裝或是請教商家。

若是論及品牌，盛岡的「岩鑄」和奧州市水澤區的「及源鑄造」可為代表，還有一些小工廠的作工也非常出色，釜淺商店裡就有在這些工廠裡製作的原創南部鐵器。既然要用，當然會想用「原產地」的「真品」。

CHECK 2

看一下器具的內側

在土產店與骨董店也買得到鐵壺，但那些多半是觀賞品，只要稍用一下就會生鏽。買了卻沒辦法長時間使用的話，真的很可惜。讓我來傳授大家不會買錯的鑑定要點。

因為從鐵壺外觀不太能辨別，你得打開蓋子看一下內側，如果是有做防鏽處理的釜燒，壺裡一定是灰色的。避免挑選黑色塗裝的款式，以及原本就無法煮水、附有濾茶網的款式。此外，有些鐵鑄的厚重鍋子為了防鏽或防止金屬味轉移，做了一層琺瑯處理，雖然使用上比較方便，但也就沒辦法攝取鐵質，或是讓水變得更溫潤，無法鐵會到鐵器原本的妙處了，非常可惜。如果你想要接觸「真正的」南部鐵器，請選擇內側沒有做光滑塗料處理、留下鐵器原始表面的款式。

CHECK 3

大不可兼小

不少客人來店裡選購時，常常會說：「我們家平常只有兩個人，但小孩也會回來玩，那我還是選可以煮五合米的釜鍋好了。」但是，如果一年只有煮幾次五合米的話，會怎麼樣呢？每天使用煮五合米的釜太大了，清洗時也很麻煩，最後就不再拿出來用了。既然這樣，應該選擇平常使用的尺寸。選擇南部鐵器的原則是「大不可兼小」。

CHECK 4

考量使用的場合

想用這個器具做出怎樣的料理呢？如此的想像也是很重要的。把你經常做的料理與想要挑戰看看的料理當做依據，評估一下現在想買的器具的使用頻率是高還是低？鐵器是用鐵做的，如果太長一段時間沒用，就會容易生鏽。

「每天使用」對器具來說，才是最理想的狀況。

總之，不要在網路上購買，你應該親自到店裡看看，實際將器具拿在手上仔細確認，最好還能跟器具說說話。

花點工夫就能增加使用的機會，器具也會開心

保養四鐵則

1. 買了之後立刻討好器具。
2. 清洗時不使用清潔劑。
3. 使用過後不要留下水氣。
4. 時常使用。

●使用前的「馴養」手續

全新的南部鐵器仍然殘留著金屬味，以植物性樹脂燒製塗裝的鐵鍋還會煮出黑色液體。雖然吃下去對身體無害，但看起來不是很舒服。此外，鐵器表面如果沒有一層保護油層的話，一開始容易燒焦，所以添購南部鐵器之後，若想與它相處融洽，以下幾個「儀式」不可少。

南部麵釜（21cm）放入蔬菜殘渣，正在做保護油層的「儀式」。

如果是鐵壺，先沖水一至兩次，然後等壺裡的水煮沸後，把水倒掉，請重複這個「儀式」最少三次。鐵鍋的話，先倒入多一點油，再放入長蔥、芹菜與薑等味道強烈的蔬菜殘渣，以小火炒約十分鐘，等鐵鍋發出滾沸的聲音時，加入水，以小火煮約一小時（若是很深的鐵釜，大約要煮半天）。這樣做可以去除金屬味，油也會在表面做出保護油層，鐵鍋便不易燒焦沾黏，也不易生鏽。

●料理時的注意事項

鐵器是鑄物，一般認為其強度介於金屬與陶器之間。不過若是掉落在地上，當然會破損，急劇的溫度變化也會讓它受損。由於原始設計是以炭火做料理，所以如果放在瓦斯爐上使用，不要突然就開強火，要用小火至中火的火力慢慢加熱。ＩＨ（Induction Heating）調理爐的火力很強，請多多留意。

鐵器空燒的話，會讓塗裝與皮膜剝落，如果鐵器仍然熱燙時用冷水沖，可能會造成裂損。鐵器不論是烤或炙燒都沒問題，但不可以放進電磁爐與洗碗機裡。

●清洗方式

烹調結束後要清洗鐵器時，鐵則是「不使用清潔劑」。現在大家有不管洗什麼都要用清潔劑的習慣，但清潔劑會將原本付著在鐵器上的保護油層洗掉，就會變成易燒焦、易生鏽，恢復成剛剛購入時的情況。洗刷時也要避免用鋼刷這類硬物，應用刷毛柔軟的刷子來清洗。一般的刷子是用椰子果實做的，但我推薦用棕櫚樹皮製成的刷子，棕刷的刷毛柔軟，最適合拿來清洗鐵器。

只要有熱水與刷子就可以洗掉油污。你可能擔心這樣洗不乾淨，但不需要太神經質，趁鐵器還有餘溫時清洗，幾乎都能洗乾淨。如果有頑固的焦痕，就用熱水泡一段時間，或是直接將熱水加熱，就能去除焦痕了。如果還是用了清潔劑，洗完請立刻在整個鍋子上抹一層薄薄的沙拉油。

鐵壺更是如此，如果因釜燒而形成的那層酸化皮膜剝落的話，就會生鏽，因此絕對不能用手觸摸內側，也不能洗。

●收納方法

現在我們的身邊幾乎沒有生鏽的東西，關於這一點，南部鐵器的表面都沒有做特殊加工，可說是處於無防備狀態，因此只要一不留意就會生鏽。鐵器使用過後，請用乾抹布或廚房紙巾等擦拭，將水氣徹底擦乾。

鐵器如果長時間不使用，建議整體塗一層薄油，再用報紙包好，收藏在乾燥的地方。

●保養方法

食物如果發霉，我們會把食物丟掉，但廚房用具不一樣。廚房用具如果生鏽了，可以恢復成原本的狀態，這正是鐵器身為「良理廚房用具」的優點。

處理方法是用砂紙在生鏽的地方磨擦，如果這樣做仍然無法去除生鏽，就提高硬度，改用布砂紙和銼刀等等。但是，一旦你漂亮地除掉鐵鏽，皮膜也一併被刮除了，這時的鐵器處於赤裸裸的狀態，所以要再做一次剛開始的「馴養」手續。

至於鐵壺，因為內側是紅色的，所以無法用肉眼來判斷是不是水垢。如果水煮沸時，倒出來的水呈現透明，繼續使用就沒問題。如果水變成紅色的話，或許就是鐵器生鏽了，此時請將茶葉渣用布包起來，放入鐵壺裡與水一起煮沸。茶葉的單寧酸會發揮作用，使鐵壺不易生鏽。

總之，每天使用就不會生鏽才是使用祕訣。你越用，越能將鐵器養得黝黑發亮。沒多久，它就會開始散發出鮮豔的顏色，而這正是器具開心的證明，也是你與器具心意相通的瞬間。

保養用品：
1 棕櫚刷
2 鋼刷
3 布刷
4 砂紙

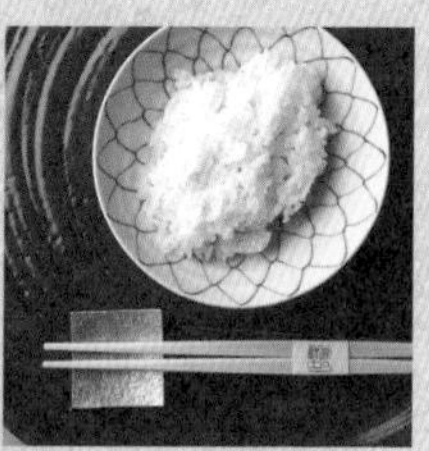

「鐵鍋能將米的甜味與美味，鎖在米粒中炊煮。」

和食「高野」（東京・銀座）老闆 高野正義

專業廚師使用哪一種南部鐵器呢？我認為如果用鐵器煮飯，「高野」是日本第一名，所以我訪問了「高野」的老闆高野先生。

高野先生並非使用鐵釜，而是愛用麵釜鍋這種扁平的鐵鍋，原因是扁平的鐵鍋能將全部的米均勻加熱，達到最好的熱傳導。

——煮飯時，會有水滿溢出來，或是水變少等變化無常的狀況，煮出美味米飯的祕訣則是，讓鍋裡長時間保持一定的溫度。

鋁鍋用低溫、較少熱能就可以炊煮，與其相反的砂鍋則要用高溫、多熱能才能炊煮，而介於兩者之間、具備兩種優點的非鐵鍋莫屬。鐵鍋比砂鍋更快達到高溫，蓄熱性也比鋁鍋更佳，不會出現米飯煮得半生半熟的情況。

鐵鍋還有一個最大的優點：能將米的澱粉鎖在米粒中炊煮，煮出來的米飯會彈牙，咬下後每一粒米的香Q澱粉將在口中擴散開來，吃得到米飯原有的香甜與美味。即使放涼了再吃，美味絲毫不減，這正是鐵鍋最大的魅力。

每天使用鐵鍋的話，米飯的精華會滲入礦物表面的空氣層裡，把鍋子養得更好。鐵鍋可說充滿了日本人的飲食智慧。

大學畢業後曾進入顧問業工作，但因為想從事與日本傳統文化有關的工作，因而進入飲食世界。曾經在數間餐廳修業，二〇〇四年開了「高野」餐廳，推出葡萄酒與和食搭配的套餐，在料理的熱身下，最後端出來的主菜以飯類為主。

就像「爐灶裡有神明」這句話，高野先生愛用的木蓋是鳥居的形狀，炊煮出來的米飯擁有「外剛內柔」的嚼勁。

匯整我們在店裡常被問到的問題

Q&A
〔南部鐵器篇〕

Q 我看過鐵製茶壺，那也算是鐵壺嗎？

A 壺內光滑是因為做過琺瑯加工，若是價格也平易近人，那就是機器量產的，並不是鐵壺。鐵壺是專業師傅手工製作出來的，這點會反應在價格上，壺內側則做過預防生鏽的處理，所以是灰色的。

Q 骨董店也會賣鐵壺，是否不要買比較好？

A 這種鐵壺恐怕無法使用很久，生鏽的機率很高。既然都要買鐵壺了，建議買不會生鏽的款式。

Q 鐵壺用久了之後，內側會變成紅色，是生鏽了嗎？

A 如果用鐵壺煮水，煮沸的水沒有變成紅色，那就不是生鏽，繼續使用沒問題。如果你無意中看到內側出現紅色斑點，可能會想清洗壺內側，但一旦清洗了，防止生鏽的皮膜就會被洗掉，所以請不要清洗壺內。

Q 鐵壺生鏽的話就不能再用了嗎？

A 當然不是，如果是真正的鐵壺，即使生鏽了也沒關係。將茶葉渣用布包起來，放入鐵壺裡與水一起煮沸。茶葉的單寧酸會發揮作用，使鐵壺不易生鏽。一般來說，良理廚房用具的使用生命非常長久。

Q 我住公寓大廈，只有IH調理爐，能用鐵釜煮飯嗎？

A 南部鐵器大多可以放在IH調理爐上使用，只是要注意溫度的調節。IH調理爐一開火就是高溫，鐵器放上去容易破損，若在烹調時能讓溫度慢慢上升，就能使用鐵釜了。如果想煮出美味的米飯，就勤快地調整溫度吧！要是你有鍋子專用的卡式瓦斯爐，建議改用卡式瓦斯爐來煮飯。

Q 用土鍋煮飯與用鐵釜煮飯，兩者的差別是？

A 要說不同的話，土鍋煮出來的飯比較鬆軟，相較之下，鐵釜煮出來的飯比較彈牙，一咬下就能感受到米飯的美味，而且放涼後依然好吃。

Q 請教我用鐵釜煮飯的簡單方法？

A 首先將米略洗過，泡水放置三十分鐘至一小時，接著用濾網將水濾掉，將米與同分量的水放入鐵釜中，米粒要鋪平。蓋上蓋子，以大火煮，煮滾後，改轉小火，煮十二分鐘後，再轉大火，然後立刻熄火，燜蒸十五分鐘，完成。煮飯的過程中請勿打開木蓋。

Q 用鐵鍋炸過食物後，很在意油污沒洗乾淨，可以用洗碗機清洗嗎？

A 洗碗機清洗液的化學反應會讓鐵鍋更容易生鏽，請不要用洗碗機清洗。

Q 無論怎樣都不能用清潔劑嗎？

A 因為清潔劑會將油分解掉，所以好不容易在養鍋時做出的保護油層會剝落，就會變得容易生鏽，也容易燒焦。在烹調結束之後，趁鍋子還熱時，用溫水以棕刷清洗，基本上油污都能清洗掉。如果用清潔劑洗的話，之後要立刻塗上一層薄薄的油。

Q 不要用烘碗機與漂白劑比較好？

A 是的。無論哪一個都會造成鐵器生鏽。洗乾淨後，請用廚房紙巾將水完全擦乾。油滲入鐵器裡，鐵器會變得黝黑發亮，散發光澤。請好好享受養鍋的樂趣吧。

Q 不能使用的熱源有哪些？

A 南部鐵器是鐵的鑄造物，不能放入電磁爐裡使用。烤架與烤箱就沒問題，請放心使用。

Q 收納時要注意什麼呢？

A 長時間不使用的話，請在鐵器表面塗上一層薄薄的油，再用報紙包好。收放在沒有濕氣的地方。

Q 長時間沒用讓鐵器生鏽了，是不是不能再用了？

A 鐵器並非生鏽了就不能使用，請用砂紙或銼刀刮除鐵鏽，再將剛買時做過的養鍋程序再做一次，就能恢復原狀。只不過若是又放著不用，還是會再次生鏽，請立刻讓油滲入鐵器裡，讓它再次產生一層新的保護油層。

STORY OF

GOOD COOKING TOOLS

良理廚房用具的故事

1

外國人湧進合羽橋?!

昔日的合羽橋是專業廚師才會去的商店街，這樣的歷史痕跡仍然保留著，店家大約只營業到傍晚五點半，休息得早。到了晚上七點，街上幾乎就沒有人了，變成寧靜的街道。大約在一九八〇年代，釜淺商店開始在星期六、日開門營業，那時所有店家都在休息，也看不到速食店、咖啡連鎖店和便利商店，這樣的商店街除了合羽橋之外，在廣大的日本應該沒有吧。

約在二〇一一年，合羽橋出現了很大的改變，東京的下町一帶受到注目，電視與雜誌爭相報導，很多二十至三十歲的女性與家庭來到合羽橋商店街。造成人潮的最大原因是東京晴空塔的開幕，來合羽橋的人一下子增加了許多。

現在，許多外國人也會來，還有巴士直接停在釜淺商店門口，觀光客大批湧入的情形。從二〇一四年開始，來店的客人不只是亞洲人，歐美人也不少。看來是旅遊書介紹了日本廚房用具的好品質與優點，連在國外也大受好評。

菜刀篇

自古以來刻畫著日本的飲食文化

菜刀分成兩種：單面刃和雙面刃

廚房用具裡最常用到，但也最難懂的就是菜刀。當你想買菜刀時，百圓商店就買得到，若是去廚具專門店，店裡往往陳列著種類多得驚人的菜刀。釜淺商店裡的菜刀種類也有八十多種，總共超過一千把菜刀。菜刀的形式與大小非常多，價格從日幣五千圓到超過十萬圓不等，即使是專業廚師想買菜刀，往往也會迷失在刀陣中。

在此，我將以淺顯易懂的方式為大家說明菜刀，以及選擇的要點，還有如何與菜刀好好相處的方法。

首先，菜刀的刀刃分成兩大類，也就是「單面刃」和「雙面刃」。一般家庭常用的菜刀是雙面刃，刀刃切面呈現「V」字型。相反的，單面刃的切面為「レ」字型，對右撇子來說，刀刃朝下時，菜刀的右側稱為「外」、左側稱為「內」，只有外側有刀刃。

許多日本料理廚師都使用單面刃菜刀，這是一把在日本誕生的菜刀，能將新鮮魚類與蔬菜切得非常細緻，擺盤精美。現今獲得世界各國讚賞的和食，正是因為有單面刃菜刀才得以誕生，並達到如今的發展。另一方面，在明治維新之後，日本人開始吃肉，雙面刃菜刀便隨著肉食文化從海外傳入日本。因此單面刃菜刀稱為「日式菜刀」，雙面刃菜刀稱為「西式菜刀」。

發現天然磨刀石，孕育出獨特的菜刀文化

菜刀在日本的歷史非常悠久，建造於奈良時代的正倉院收藏著全日本最古老的菜刀。再往前追溯，繩文時代的遺址曾找到用來磨菜刀的磨刀石。日本有許多火山，因此有許多能做成優質磨刀石的堆積岩。大部分拿來當作磨刀石的堆積岩是在京都一帶挖出來的。先人們的日常生活也在不知不覺中，開始「研磨」了起來。

事實上，「用磨刀石磨刀刃」是日本獨特的文化。得到天然磨刀石的日本人發明了日本刀與菜刀。就某個層面來說，如果沒有發現磨刀石的話，就不會出現武士時代與戰國時代。

具代表性的菜刀產地

日式菜刀大鳴大放是在江戶時代中期，公家與武士所歌頌的料理在平民間普及，改變成各種不同的款式後，誕生了各式各樣的菜刀。在承平年代裡，刀的需求自然降低，取而代之的是盛行製作菜刀。

進入明治時代後，西式菜刀也從海外傳入了日本。現在全日本各地都有生產菜刀，而其中的大阪府堺市，由於曾經為了製作大仙陵古墳，把從全日本找來的冶鐵師聚集在一起，因此到現在仍然匯聚了許多專業製刀師傅，每一把菜刀都仔細地以手工製作。

祈願「開闢未來」的禮物

有人會說「菜刀是與人切斷緣分」這種負面的話，但是你也可以說，用菜刀切的舉動是「將壞的都切斷」、「開闢未來」。

菜刀原本就是很吉利的東西，在店裡我常常推薦給客人當成禮物。

想送個特別一點的禮物給伙伴或親密的友人時，菜刀恐怕是最適合的。

若是刻上對方的名字，效果更棒，能為贈送者的心意再添加些許驚喜感。菜刀上刻有名字，對方肯定會因而更喜愛、更珍惜的。

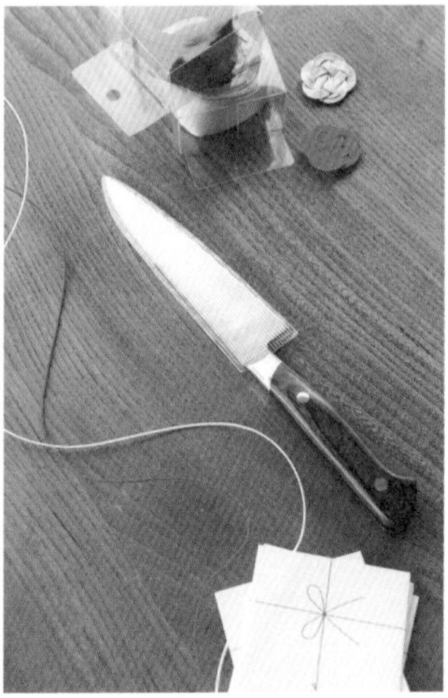

小菜刀（12.5cm）

在專門店裡，手工刻上名字。

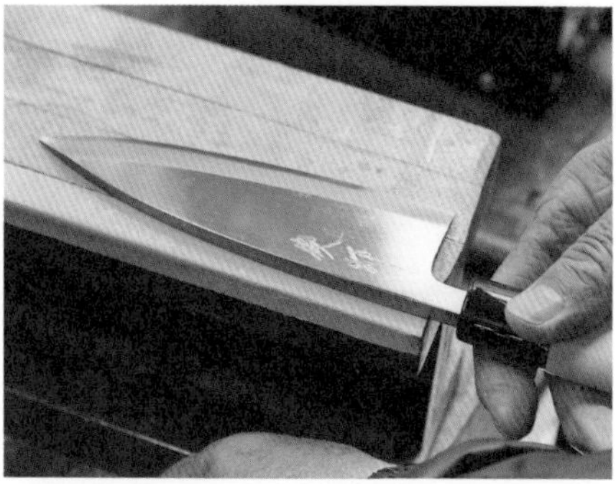

出刃（15cm）

日式菜刀的理由

固執地貫徹被賦予的使命

切食材時，不會破壞食物的纖維

我推想，坐在壽司店的吧台座位時，你也常常看著壽司師傅切生魚片的模樣吧。這時師傅用的大抵上是柳刃這類日式菜刀，從我們的位置看過去，會看到生魚片被切得很薄，切片的斷面光滑，散發出美味的光澤。這不只是師傅的刀工厲害而已，也因為他使用的是日式菜刀才做得到。

日式菜刀的設計是刀刃在表側，刀子往下水平移動，能流暢地做出拉與切的動作，所以切魚和蔬菜時不會破壞纖維，能夠切出漂亮的切面。裡側的設計構造則是當你將食材翻面來切時，食材與菜刀間會有空氣進入，食材便不容易黏在菜刀上，容易分離。

如果是快速切下來的切片，像是生魚片，在沾醬油時就很容易沾上醬油，多餘的醬油還會自動滴落。入口後的口感極佳，也能充分享受魚的鮮美。如果生魚片切得不漂亮，就會沾上過多的醬油，生魚片的鮮度也會提早惡化。在切生魚片時，為了不讓菜刀弄壞切面，「一刀切下」是最基本的。正因如此，同樣的魚，會因為切的人不同而味道不一樣。日式菜刀的設計是為了讓人在吃魚時，吃到最後仍然美味，是日本人對於吃所下的工夫，可謂貪欲與智

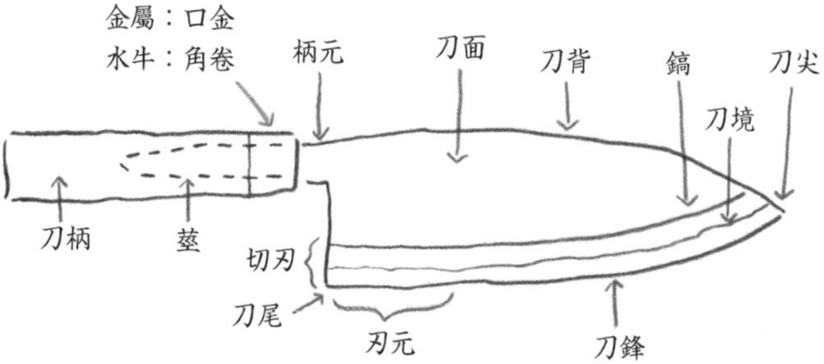

慧的結晶。

東與西的設計不同

另一個特色是為了某個特定的用途與目的，徹底地做到底。例如為了用力切魚骨，使用切厚片的出刃；為了將片下來的魚肉切成生魚片，使用能將魚肉切薄片的生魚片刀。要將白蘿蔔切成薄片時，就用薄刃，要將白蘿蔔切成細絲來搭配生魚片時，就使用被稱為「KENMUKI」的菜刀。常在電視的料理節目看到廚師刀法俐落地將白蘿蔔切成薄片，但那樣的切法只有用單面刃的菜刀才做得到，如果使用雙面刃的菜刀，就沒辦法像那樣切出漂亮的薄片了。

依據不同種類的魚，也有專用的菜刀，切河豚有河豚刀，切海鰻有海鰻刀，切鮭魚有鮭魚刀。切鮪魚的話，有像日本刀的長型鮪魚刀。

此外，即使用途相同，關東與關西也會有形狀不同的情況，生魚片刀的柳刃原本出自關西。因為關西人常吃白肉魚，為了將生魚片切成薄片，所以菜刀的前端是尖的。關東型則稱為蛸引，刀的前端不是尖的。這是因為關東屬於紅肉文化，魚肉不用切得很薄，還有江戶子容易跟人吵架，刀如果是尖的會很危險等多種說法。近來因為前端尖的刀子比較容易切得細緻，讓柳刃成為主流。

1 鐮型薄刃菜刀（21cm）
2 東型薄刃菜刀（21cm）
3 KENMUKI 菜刀（18cm）
4 出刃（12cm）
5 出刃（18cm）
6 柳刃（30cm）
7 蛸引菜刀（30cm）
8 江戶裂菜刀（21cm）
9 海鰻刀（30cm）
10 先丸蛸引菜刀（30cm）
11 劍型柳刃（30cm）
12 水本燒黑檀柄柳刃（30cm）
13 河豚刀（30cm）
14 鮭魚刀（27cm）

7 6 5 4 3 2 1

14
13
12
11
10
9
8

西式菜刀的理由

什麼都能切碎的萬能選手

故意切成鋸齒狀的切面

與「水平切」的日式菜刀相比較，西式菜刀是以由上往下的垂直移動來切食材。往下壓時要用力。如果日式菜刀屬於纖細的「靜」，西式菜刀就是大膽的「動」。它是將肉類等食材的纖維切斷、切開的工具。當然，切出來的切面會呈現鋸齒狀，不過西餐中有很多需要做出黏稠湯汁的料理，要把食材弄碎的話，使用西式菜刀比較適合。

西式菜刀的代表是牛刀。牛刀的前端是尖的，方便切開肉與魚。牛刀由於是雙刃刀，所以被分類為西式菜刀。「菜切菜刀」則是日本自古以來就用來切蔬菜的菜刀。介於牛刀與菜切菜刀之間，兼具雙方功能的是三德菜刀，因為用一把刀就能處理肉、魚、蔬菜，所以被稱為「三德」。在昭和時代被稱為「文化菜刀」，大家在家裡常常使用的菜刀應該就是這一款。與牛刀相比，它的刀面較大，在切菜時較有安心感，刀尖也較尖，能將食材切得比較細。牛刀也被稱為萬能菜刀，是每個人都能駕馭的一把刀。

除了有像這樣的全能選手之外，西式菜刀也有針對專門功能的款式，比如小菜刀的長度就是用來切除水果皮；筋肉分離刀是用來將肉與筋切開；切骨菜刀則是專門將肉從骨頭上切

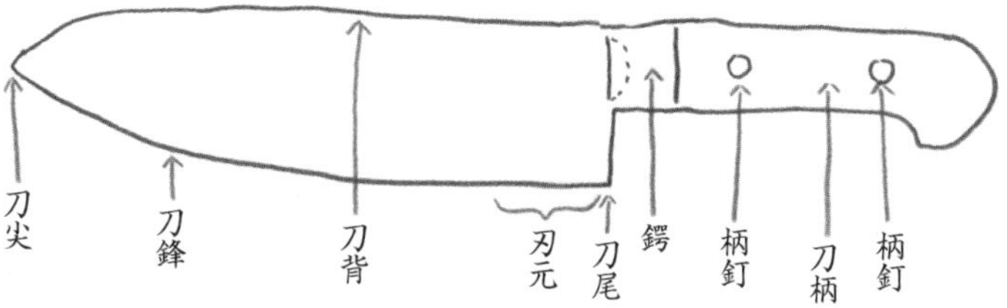

下來時使用。有雙面刃的洋出刃則是用來切螃蟹和蝦子等甲殼類。若與頑固地追求專門性的日式菜刀相較，無論面對怎樣的食材，西式菜刀都能靈巧應對。

使用者也融合多種風格

有一款西式菜刀的刀刃表面呈現出如木頭年輪般的穆罕默德紋，其設計上的美感更勝於功能性，對外國旅客來說非常有日本刀的感覺，相當受歡迎。

除此之外，菜刀的種類還有：無論做什麼料理都一把菜刀搞定、如柴刀般的中式菜刀；切蕎麥麵、烏龍麵的麵切刀；切海苔捲壽司的壽司切菜刀；以及為了讓魚板等魚漿製品成形、沒有刀刃的付菜刀等許多特別的菜刀。

順帶一提，菜刀主要分成日式與西式兩大類，但在專業廚師的世界裡，使用日式菜刀的不只是日本料理廚師，最近在法國有位很受歡迎的廚師就使用柳刃；在必須應付許多客人的日本料理店裡也常常使用牛刀。在菜刀的世界中，日式與西式的圍籬正逐漸消失。

1 小菜刀（12cm）
2 小菜刀（15cm）
3 牛刀（21cm）
4 三德菜刀
5 大馬士革鋼刀
6 菜切菜刀（21cm）
7 切骨菜刀
8 筋肉分離刀（24cm）

8
7
6
5

菜刀的製作

與專業師傅的技術相連，追求最棒的刀工

鋼製刀刃與不鏽鋼刀刃

菜刀的刀刃分成鋼與不鏽鋼兩種。從堅硬、鋒利，能長期持續使用的菜刀，到刀刃不利難以切斷食材時容易研磨的菜刀，種類非常多，依照菜刀的用途與等級來分類。

以前大家常說鋼製菜刀比較好切，不鏽鋼菜刀雖然不生鏽，但是沒那麼鋒利好切。現今的不鏽鋼材質開發進步飛速，已經有非常好切的不鏽鋼菜刀。不過，刀刃鋒利度雖然沒有太大差別，但以鋒利的持續性與容易磨刀等層面來說，仍然是鋼刀較占優勢，因此很多專業廚師使用的日式菜刀還是以鋼製菜刀為主流，相反地，西式菜刀則以不鏽鋼製占大多數。

此外，金屬部分雖然是用鋼或不鏽鋼打製，但有的會混合其他金屬。只用鋼（或是不鏽鋼）做成的日式菜刀，稱為「本燒菜刀」，好切，鋒利度能維持很久，因此居於「高級品中的高級品」位置。卻也因為堅硬，一旦掉落就會破損，會發生因外力而變形的情況，為了增加強度，才有將軟鐵的地金與鋼（或是不鏽鋼）貼合的合製菜刀（也稱為「霞菜刀」），為一般作法。

至於刀柄的材質，日式菜刀的柄較輕、不易裂開，使用朴樹的木頭製作，即使手濕濕的也不容易滑手。刀柄底部做成栗子的形狀，是考量到易握所做的設計。也有用紫檀與黑檀製成的刀柄。西式菜刀多半以樹脂與木頭製成，再用柄釘固定。

好菜刀是藉由經驗與感覺做出來的

西式菜刀多半是以機器大量生產，市面上也有許多日式菜刀同樣是機器製造的量產品，但在以菜刀產地著稱、具有悠久製刀歷史的大阪府堺市，現在依然有專業師傅以純手工製作一把又一把高品質的菜刀，仍然流傳著從前的菜刀製作方法。

攝影：谷本裕志

攝影：MARINA・MENINI

製作日式菜刀的冶鐵師傅與裝付刀刃師傅的工作情形。

首先，冶鐵師傅會將地金與鋼結合，在爐中以八百度高溫做出菜刀的形狀。然後用炭火燒得火紅，再立刻放入水中急速冷卻，此作業是為了增加菜刀的彈性與較為欠缺的韌性。如果加熱過度，菜刀的鋒利度會變差，如果熱度不夠，韌性會無法顯現。這種微小的秒差得依靠經驗與感覺辨別。等到菜刀的外形做出來後，就要靠磨刀師傅用旋轉磨刀石仔細地砥礪菜刀，最後再由專業師傅將刀刃弄直，裝上刀柄。

唯有技術熟練的專業師傅分工合作，才能做出高品質的菜刀。

1
4
3
2

1 鮪魚菜刀（51cm）
2 麵切菜刀（30cm）
3 中式菜刀
4 壽司刀
5 付菜刀
6 麵包刀
7 名古屋裂
8 大阪裂
9 京裂

菜刀的挑選

多與了解菜刀的專家討論

如同我前面的說明，菜刀非常深奧、結構又複雜。請不要一個人自己查資料、挑選菜刀。詢問菜刀專門店裡熟悉菜刀的人，才是挑選好菜刀的捷徑。

CHECK 1

選擇店裡有磨刀服務的店家

應該去怎樣的刀子店呢？最簡單的是，前往提供磨刀服務的店家。像這樣的店，店員多半都具備菜刀的商品知識。而且因為店裡就能磨刀，所以也會很清楚保養菜刀的方法。

無論什麼菜刀，一開始都很好切，用久了以後就會變得不好切。能維持長久鋒利的菜刀因為刀刃堅硬，通常都不太好磨，相反地，具韌性的刀不太可能長時間維持鋒利，卻比較容易磨砥。如果是有磨刀服務的店家，可以針對適合你的菜刀提出建議，而且在此購買菜刀的話，刀子還能拿回去磨，沒有什麼比這個更讓人安心了。

CHECK 2

特別注意高價的菜刀與不會生鏽的菜刀

不是高價的菜刀就一定是好菜刀。通常是刀柄用了高級材質，或是刀刃做了特殊設計，多半是與切的功能沒什麼關係的附加價值，所以請務必跟店家確認其高價的原因。尤其是日式菜刀，常會看到刻有名字的款式。但一把菜刀是由多位師傅共同完成的，菜刀完成時，本來就是沒有加入特定名字的「無刻印」狀態。在批發商與專賣店看到菜刀上寫有特定名字、有特定價格時，應該特別留意。

還有，不會生鏽的菜刀乍看之下覺得好用，但大多是價格低廉、使用硬金屬製成，鋒利度多半不足，刀刃變得不鋒利時也不容易磨利，很難恢復原狀，最後只能丟掉而已，這與廚房用具並不是健全的關係。不要擔心刀子會生鏽，只要「注意不生鏽」就沒問題了。

CHECK 3 實際握握看

刀柄的大小、粗細、重量，與刀刃之間的平衡，不實際握看看是不會知道的。手掌的大小與握力因人而異，所以不會有一把菜刀適合所有的人。也因此，不要透過網路購買菜刀，要去店裡，真正與菜刀「面對面」地選購。

CHECK 4 回想家裡開伙的情形

家族成員的組成、在家裡下廚的頻率有多高，要依照這些情形來選菜刀，這是很重要的關鍵。如果常做蔬菜料理，就要選擇刀刃較薄的菜刀，切菜會比較方便；如果家裡常做的是肉類料理，就要選擇能將骨頭與筋切開的菜刀。把像這些事情跟專賣店的人說，他們會給你建議，就能挑選到「不會錯」的菜刀了。

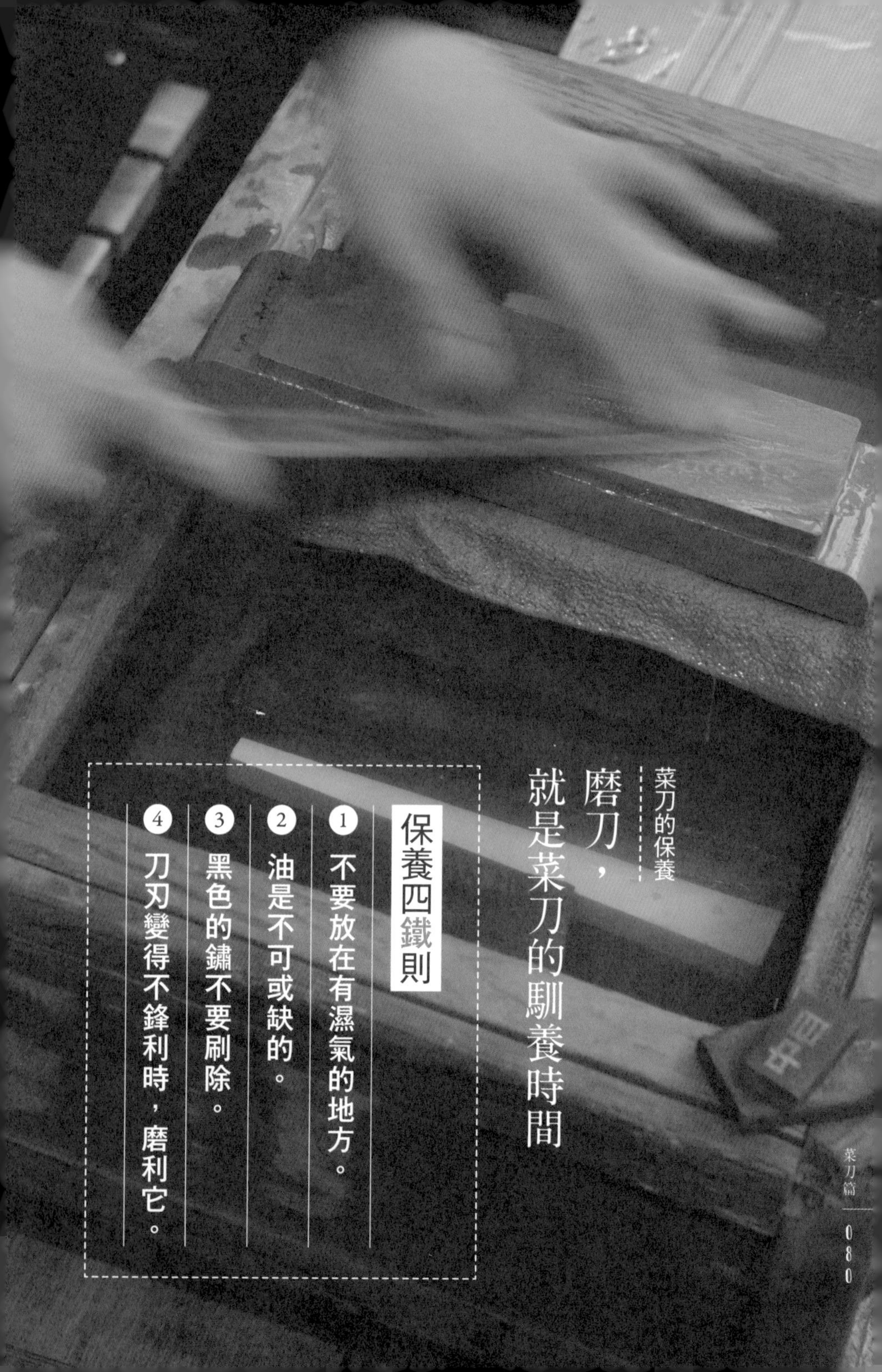

菜刀的保養

磨刀，就是菜刀的馴養時間

保養四鐵則

1. 不要放在有濕氣的地方。
2. 油是不可或缺的。
3. 黑色的鏽不要刷除。
4. 刀刃變得不鋒利時，磨利它。

●平日的保養

相較與不鏽鋼菜刀，鋼製菜刀比較容易生鏽，所以需要認真一點保養。食材所含的鹽分與酸是造成生鏽的原因，因此在烹調過程中就要認真清洗，等到烹調結束後，再用洗滌碗盤的清潔劑將菜刀洗乾淨。沖洗時請使用熱水，熱可以讓水分快速蒸發、乾燥，熱水還有消毒的效果。

洗碗機的清潔劑會產生化學反應，會讓菜刀更容易生鏽，而且水流沖洗時刀刃會與旁邊的碗盤或洗碗機裡的網子相碰，可能會使刀刃受損，所以請務必手洗。

菜刀洗乾淨後，立刻用乾布將水擦乾，使其乾燥。水氣殘留是造成生鏽的原因，但不要在火上反覆烘烤，也嚴禁使用烘碗機。這些都是讓刀子變得不鋒利的重大影響，漂白劑對刀刃也是重大的損害。

●收納方法

流理檯下方濕氣重，不適合作為收納場所。菜刀與不同的金屬接觸會產生化學反應，造成生鏽，所以放在碗盤籃裡也不妥。剛買回來時和剛磨好刀時最容易生鏽，應該盡快放入抽屜裡，才能真正安心。

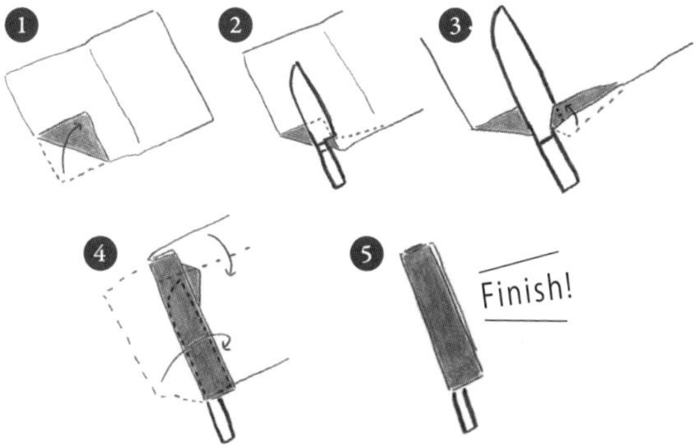

用報紙做成刀鞘

❶折起報紙一角、❷配合菜刀的柄元、❸用紙包住刃元、❹將報紙捲起來、❺用膠帶貼好、完成。

我最推薦的是就用報紙做成刀鞘。因為報紙的油墨能預防生鏽，還有驅蟲的效果。不但簡簡單單就能完成，要移動菜刀時也很方便。餐廳專業廚房裡的常見作法是將漫畫雜誌或電話簿捲起來，貼上膠帶，把菜刀放在裡面。如果菜刀長時間不使用的話，將刀刃表面塗上一層薄薄的食用油，再用報紙包好。

可以用葡萄酒的軟木塞或橡皮擦去除鐵鏽。

●保養方法

菜刀用久了，刀刃表面會出現黑色的酸化皮膜。這個能防止生鏽，所以沒有什麼問題。不用把它洗掉，繼續使用沒關係。有問題的是磚紅色的鏽，因為鐵鏽味會轉移到食材上，小小的鐵鏽若放著不管，會慢慢滲透到菜刀內裡，變成很深的生鏽，所以要盡早將鏽去除才好。可以用紅酒的軟木塞或去污粉去除鐵鏽，也可以用市售的橡皮擦。

●定期磨刀

無論是怎樣的菜刀，剛買回來都很好切，不過一旦用久了，刀刃一定會變得不鋒利：切番茄時會把皮切爛、雞皮很難切斷、蔥切不斷、切洋蔥末時會害你流淚，若有以上狀況，就是刀刃不夠鋒利的警訊。

如果繼續使用不鋒利的菜刀會怎麼樣呢，食物的切面會變得不平整，特地做的料理會變得不美味，香味也都消失了。要是菜刀不小心切到手指頭，鋒利菜刀切到的傷口很快就會癒合，不鋒利菜刀反而會造成重傷。

你只要覺得菜刀有一點沒那麼好切了，就應該立刻磨刀，如此做的話，磨刀需要的時間也會變短。如果是常常做菜的人，最理想的狀況是一個月磨一次刀。

如果是西式菜刀的話，有簡單的磨刀器可以用。但如果想與你的廚房用具長時間共處、想好好保養的話，還是應該用磨刀石來磨刀。磨刀石有三種，刀刃有缺損時，使用粗磨刀石；要將刀磨得鋒利，就用中磨刀石；新製成刀以及預防生鏽時，則用細磨刀石。磨刀石磨是用來將磨刀石的表面磨平，請依序使用。

剛開始你或許會覺得麻煩，但只要花時間真心地與菜刀相處，你肯定會覺得，會磨菜刀的自己還滿厲害的。

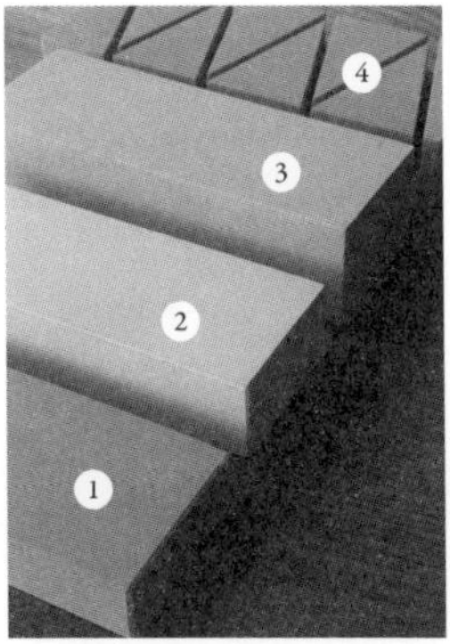

保養用品：
1 細磨刀石
2 中磨刀石
3 粗磨刀石
4 磨刀石磨

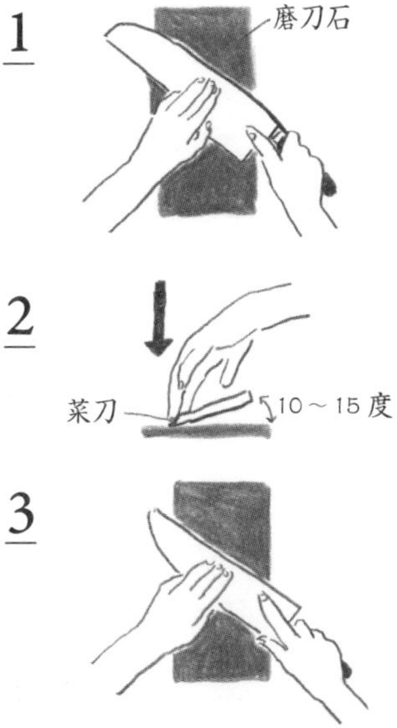

西式菜刀的磨刀

1 刀刃面向自己，以慣用手握住刀柄與刀相連處，大姆指放在接近刀刃前端，另一隻手輕壓住刀刃前端。
2 刀刃以 10～15 度的角度放在磨刀石上，前後快速地移動。
3 將刀翻面，將慣用手的食指放在刀刃前端，用同樣的方式磨刀。

「藉由遇見好菜刀，讓料理風格為之一變。」

日本料理「魚之骨」（東京・惠比壽）老闆 櫻庭基成郎

東京惠比壽的「魚之骨」是日本國內外名人偷偷前往，在某個族群中非常知名的餐廳，非常難預約。從店名就知道這是間日本料理餐廳，主廚卻端出了漢堡排，就看櫻庭基成郎如何利用當季食材，做出異想天開的料理吧。

——基本料理是海鮮類，菜單多半是依據當季食材做出來的，總之，讓大家吃得有趣是很重要的事。

生魚片大抵上都會添加我想出來的醬汁。例如，鮪魚是紅肉魚，用柳刃切出光滑的切面，再沾上黏稠的醬汁。如果切面切得鋒利，即使是味道濃的醬汁也不太容易入味，不必要的味道就無法進入。有時也會故意切得不平整，再搭配淡味的醬汁。調味料不一定是和風，西式口味也有，依據不同的食材，也會搭配中式調味料。

拿到大肉塊時，也會用柳刃來切。讓切面充滿光澤，即使是肉，舌尖的口感也會變好。正因為遇見這種風格的菜刀，所以才可以做到能引發食材美味的切法。好的廚房用具能刺激料理的創造力，還會讓做菜靈感更寬廣。

在東京目黑開業，從事餐廳與紅酒業，後來將餐廳搬至惠比壽至今。料理完全靠獨自學習，經過不斷嘗試後，不想依循既有路線，追求的是新感覺的日本料理。擁有的紅酒知識堪稱「變態級」，店裡有一群從國外來的常客。

櫻庭基成郎平常使用的菜刀有十五把，柳刃有四把，依序使用。已經使用六年的柳刃在不斷磨刀之後，刀刃只剩下原本的一半。

匯整我們在店裡常被問到的問題

Q&A

〔菜刀篇〕

Q **我從春天開始一個人住。住在老家時幾乎沒下過廚，我該選購怎樣的菜刀？**

A 你可以買萬能三德菜刀，肉、魚和蔬菜什麼都能切。而且等到菜刀不鋒利時，它的鋼材很容易磨，所以我很推薦。

Q **我是男生，一個人住，但我最近對烹飪很熱衷，買怎樣的菜刀才方便使用？**

A 你應該已經有三德菜刀了，來一把專業廚師常用的牛刀如何？尺寸的話，18～21公分最方便。還可以買一把好用的12公分小菜刀，可以削水果皮、切調味料等。只要分別使用這兩把刀，就能有很會烹飪的「熟練感」。

Q **平常我們夫妻倆在家裡吃的只有早餐，但我們希望常找朋友來家裡辦派對。**

A 只要有15公分的小菜刀，對某些食材來說就很足夠了。辦派對時還可以直接在桌上切東西，靈活因應各種狀況，很方便。

Q **我們家是有三個小孩的五口之家。每天我要準備便當，晚餐也多半自己做，我家需要怎樣的菜刀？**

A 適合能長時間維持鋒利的菜刀，像是使用三片鋼材的三合鋼菜刀。基本的三德菜刀、牛刀、小菜刀都有的話，切蔬菜用三德，切肉用牛刀，小一點的食材就用小菜刀。若是三把菜刀輪流使用，刀子也能使用得更久。

Q **我喜歡釣魚，我想在家裡處理釣到的魚，請問我需要什麼菜刀？**

A 先用出刃將魚剖開，再用柳刃切成生魚片，便能做出立體又滑嫩的生魚片。尺寸的話，出刃15公分、柳刃24公分左右。等到用習慣後，可以再買一把小出刃（約9～12公分），非常適合用來切小魚。

Q **我想教小孩（未達就學年齡）使用菜刀，跟他一起做菜，該用怎樣的菜刀？**

A 刀頭與刀尾呈圓頭狀、刀長15公分的兒童刀，適合給孩子使用。

Q 我想將蔬菜切得漂漂亮亮，請問哪種菜刀最適合？

A 菜切菜刀應該是最適合的，它的刀刃是平的，刀刃面積又大，適合用來切白菜與高麗菜這種大型蔬菜，用來剝皮也很容易。

Q 我想在家裡做麵包、蛋糕與甜點，應該準備哪些刀子呢？

A 請務必買一把麵包刀，還可以切塔類與派。麵包刀的波浪狀刀刃不適合切蛋糕，如果想將海棉蛋糕切漂亮，就要用專業的蛋糕刀。不過，也可以將小菜刀、牛刀與三德菜刀先用熱水溫過後再切，就能將蛋糕切得很漂亮。

Q 我買了肉塊想切成薄片！請問你推薦什麼菜刀？

A 這種時候牛刀就很夠用了，你也可以買一般家庭不太會有的筋肉分離刀（21公分）。牛刀屬於細長的刀形，適合將肉切薄、把生魚片與火腿切片，在去除肉塊的筋與油脂時也非常好用。還有一種做過「SALMON 加工」的牛刀，刀身上設計了凹槽，在處理食材時不易沾黏。

Q 我想要嘗試看看自己磨菜刀？

A 鋼製菜刀可以磨，不鏽鋼菜刀的話，一片鋼材的菜刀比較容易磨。

Q 菜刀常變得不鋒利，請問是什麼原因呢？

A 請確認一下你使用的砧板。如果是塑膠等較硬的砧板，菜刀比較容易也比較快變得不鋒利。砧板以木頭製最合適，但是切過菜的切痕易產生細菌，因此在使用後，要用熱水沖燙砧板消毒。此外，如果你常常切較硬的食材，菜刀也容易變不鋒利。一個月磨一次刀，就可以讓菜刀常保鋒利。

Q 三種磨刀石都要買才行嗎？

A 如果只是要把刀子磨利，中磨刀石已經夠用。如果你有日式菜刀，就得用細磨刀石，刀才會利，食材的切面才能切得漂亮。如果刀刃有缺損的話，那就請專業人員幫你磨刀吧。

Q 去旅行時我想買菜刀，請問菜刀可以帶上飛機嗎？

A 刀刃不能帶上飛機。不過你可以放進托運行李裡，在搭機前交給櫃台人員。

STORY OF

GOOD COOKING TOOLS

良理廚房用具的故事

2

日本廚房用具在巴黎大受歡迎！

　釜淺商店於二〇一三年首次參加了在巴黎舉辦的設計活動「設計師週」。隔年，我們在巴黎聖日耳曼德佩區（Saint-Germain-des-Prés）的藝廊做了一個介紹日本菜刀的個展。我們不只展示與販售菜刀，還舉辦了頗具釜淺風格的「製作此物的人與背景」座談。

　在巴黎，已經很多人在使用釜淺商店的菜刀，但除了那些人之外，來參與活動的客人大大超乎我們的想像。我想這是因為活躍於海外的日本廚師增多的緣故，他們的料理充滿簡單又細緻之美，正因為如此，才讓外國人認識了能創造出那種料理的菜刀這些日本的廚房用具。

　還有，使用釜淺商店炭燒台的炭燒專家奧田透，他的餐廳「銀座奧田」在巴黎已經開業了十三年，讓新的炭燒台蔚為話題。不只是因為它最適合放在開放式廚房，也因為在大家眼前點火的模式，在巴黎從未有過，我相信往後它也會大受好評。

攝影：Eric Giraudet de Boudemange

平底鍋篇

了解一長一短的情事

不同的材質與加工，其功能也不同

平底鍋因為材質與加工不同，會有適合與不適合的料理，請務必了解各款不同的特性之後，再行選購。

鋁／又輕又易保養，導熱很快，直接受火加熱處容易燒焦，食材也容易黏鍋，適合做義大利麵料理，以及需要快速煮好的醬汁類料理。

不鏽鋼／很耐鹽分，又不容易生鏽，不易髒，放在ＩＨ調理爐上使用也沒問題，只不過導熱慢，整個鍋子全熱需要花點時間，容易受熱不均。如果要買的話，要選擇不鏽鋼之間夾有三至五層導熱良好的鋁的鍋款。

氟樹脂加工／在鋁鍋或不鏽鋼鍋的表面覆有一層氟樹脂，因為不會黏鍋，所以只要用少許油即可，也不易生鏽，每個人都能輕易上手。相反地，它的導熱不強，不適合需要大火烹調的料理，中火以下的火力需要看守。鍋面容易被金屬製品刮傷，使得表面加工剝落，這樣食材就容易黏鍋，得定期買新鍋替換。

陶磁鍍層／將陶磁粒子塗在鍋子表面，它比氟樹脂加工鍋的耐熱溫度高，熱傳導也比較好，但如果高溫加熱的話，表面加工會剝落。

鐵／無論怎樣的熱源都能勝任，也能以大火烹調，即使空燒也沒問題。因為蓄熱性好，肉類等料理能確實燉煮，炒菜時若用大火炒能將水分炒乾，炒出來特別爽脆。但是鐵鍋很重，也容易生鏽，一開始很容易黏鍋，得用油好好養鍋。

該如何與平底鍋相處呢？

CHECK 1

耐用性與價格成正比

前面說過，價格高的菜刀需要特別留意，平底鍋的情況正好相反，價格高的平底鍋多半比較好。以氟樹脂加工平底鍋來說，要是做到三至五層的氟樹脂，耐久性會更好；若是不鏽鋼平底鍋有五層的話，放在ＩＨ調理爐上使用，導熱度也會變好，這樣的鍋子價格自然比較高。如果你買的是便宜的鍋子，很快就得買新鍋子來汰換了。

CHECK 2

不知道要選哪種尺寸，那就選大的

平底鍋的尺寸從直徑十八公分到二十八公分都有，十八至二十二公分是一人份，二十八公分的能炒約三至五人份的菜量。即使食材量很少，用大尺寸的鍋子一樣能完成，因此要是不知道該選擇多大尺寸的平底鍋，選擇大尺寸的比較好。

CHECK 3

方便使用的用不久，要花時間照顧的能用一輩子

如果要選方便使用的，就選擇氟樹脂加工鍋與陶磁鍍層鍋，不過這兩者都需要常買新的替換。相對的，鐵鍋需要花時間照顧、養鍋，但能用上很久。如果你想要與鍋具好好相處，請別猶豫，就選鐵鍋吧。

2
3
4
1

1 不鏽鋼平底鍋（24cm）
2 鋁製平底鍋（24cm）
3 氟樹脂加工的平底鍋（24cm）
4 手工生鐵雙耳平底鍋（22cm）
5 手工生鐵平底鍋（22cm）
6 手工生鐵平底鍋（18cm）
7 陶磁鍍層平底鍋（24cm）

手工生鐵平底鍋的理由與製作

凹凸不平的鍋會慢慢改變風貌

用鐵槌敲打三千次

生鐵平底鍋有分成將鐵鑄型旋壓而成，以及用鐵槌敲打鐵板等不同製法。旋壓的作法屬於大量生產，鍋子的形狀、尺寸與厚度都是固定的。鐵打的則需要花時間，但不需要一定的鑄型，其形狀是自由的，再加上鐵板能伸展，所以比旋壓法製作的鐵鍋來得輕，還有許多很棒的特點。

既然你都要選擇耐用的鐵鍋了，當然會想擁有一個無比滿意的極致鍋具，我們就是抱持著這樣的想法，找了全日本唯一以鐵打法製作中菜鍋的山田工業所（橫濱市）合作，做了改良，共同開發出「手工生鐵平底鍋」，現在就跟大家介紹。

這個平底鍋的最大特色是底部，仔細看會發現，鍋底表面打出了凹凸的波紋，可以看得到用鐵槌敲打過三千次後的結果。如此做會讓鐵的組織相連在一起，具延展性，變得堅固耐用。此外，鐵鍋剛開始用時，食材會黏鍋，容易燒焦，但鍋底的凹凸若經過油的浸潤，就不會再出現這種狀況了。在經過一段時間的使用後，鐵鍋會出現黝黑的光澤，看起來非常漂亮，讓人覺得不可思議。

一般平底鍋的厚度約是一．六公釐，但釜淺商店的生鐵鍋是用二．三公釐的厚鐵板製成，蓄熱性與保溫性都比一般平底鍋好很多，也不會造成食材不必要的燒焦，能讓熱慢慢進入食材裡。

激發食欲的躍動聲響

鐵鍋的魅力就是可以用大火做料理，氟樹脂加工鍋的耐熱溫度據說是兩百六十度，鐵鍋的話即使加熱到一千度也沒問題，空燒也沒關係，當你將食材放入燒得熱騰騰的鐵鍋裡時，會發非常有氣勢的聲響，激發出就要開始做菜的興奮感，也更刺激食欲。鐵鍋由於可以持續使用大火，所以食材的水分都會炒乾，能做出像是西式餐廳與中菜餐廳炒出來的爽脆口感。

鐵鍋看起來很粗獷，但有小地方需要特別注意。跟鋁鍋等相較，鐵鍋確實比較重，但有特別做出長的平手把，讓女性拿取時較輕鬆。而且把手裝設的位置較低，在拿取鍋蓋時也不會碰撞到，要蒸要烤都可以。

用鐵槌在平的鐵板上打出平底鍋的形狀。製作情況由山田工業所的專業師傅用眼睛做判斷。

還有，釜淺商店的鐵鍋沒有一般平底鍋一定都有的小螺絲，整體都是用焊接的，內側沒有多餘的凸起，因此不會殘留污垢，保養也變得更方便。

平底鍋幾乎是每天都會使用的鍋具，此款手工生鐵平底鍋只要認真保養，每次使用時你都可以看到它產生不同的表情。不知不覺中，你會很想知道，今天又將出現怎樣的表情呢？

手工生鐵平底鍋的保養

只要遵守約定，你就會擁有一把完全專屬於自己的平底鍋

保養四鐵則

1. 確實養鍋。
2. 在烹調前，鍋子務必要冒出狼煙。
3. 趁鍋子還有熱度時用棕刷洗鍋。
4. 烹調結束後空燒鐵鍋，將水氣蒸乾。

●一開始務必要做的事

就像買南部鐵器時的迎接「儀式」一樣，手工生鐵平底鍋也有幾件必要的事得先做。

釜淺商店販售的鐵鍋就跟餐廳用的平底鐵鍋一樣沒有塗防鏽蠟，所以不需要空燒平底鍋去除蠟，但我們會在鍋上塗一層薄薄的油，包上蠟紙來販售。所以在你買回去開始使用以前，要先用中性清潔劑確實洗乾淨。如果要去除鍋上的水分，可以大火空燒將鍋上殘留的水氣蒸乾，等鍋子冒出淡淡的煙時，倒入充足的油，放入蔬菜殘渣，轉成小火炒。

炒到一半時，用長筷子夾著沾有油的廚房紙巾，將鍋緣等處都沾上油，炒了約十分鐘後，即可倒掉蔬菜殘渣。如此一來，不但去除了鐵鏽味，鐵鍋表面也會形成保護油層，食材便不易黏鍋，並預防生鏽。

炒蔬菜殘渣時可用蔥、薑與芹菜等味道重的蔬菜，較能去除鐵鏽味＝手工生鐵平底鍋（26cm）。

●烹調時的注意事項

頭幾次使用時，由於鐵鍋還沒被油浸潤過，建議多多烹調用油量較多的料理。每次烹調時先用大火空燒鐵鍋，要是溫度太低，食材容易黏鍋，所以要加熱到鍋子冒出淡淡的煙後，再倒入油。你可以把這淡淡的煙當作「現在要開始做菜囉！」的「狼煙」。

不過如果家裡是ＩＨ調理爐，溫度會快速上升，只有直接受熱的鍋體部分會變熱，恐怕會讓平底鍋變形。所以請注意，要讓溫度慢慢地上升。

雖然鍋把較長，不會一下子就變得燙手，但還是用乾抹布等包住把手再握比較好。要是使用濕抹布，也要小心別燙傷了。菜煮好後要盡快裝盤，如果一直放在鍋子裡，食物可能會沾上金屬味。食材的水分與鹽分也會造成鍋子生鏽，對平底鍋也不好。

●清洗方式

不鏽鋼製與鋁製可以用清潔劑洗，鐵製的不行，清潔劑會將油分解掉，最初馴養鍋子時特地做出來的保護油層會被洗掉，養鍋就失敗了。此外，清潔劑也是造成生鏽與燒焦黏鍋的原因。只要趁鍋子還溫熱時，用溫水清洗，油污與燒焦處多半就能洗掉。這種時候，在〈南部鐵器篇〉介紹的棕櫚刷將發揮極佳效果。

如果有怎樣都無法去除的頑垢時，請將鐵鍋裝水，靜置一段時間。如果還是除不掉，可直接將裝著水的鍋子放在爐子上，將水煮沸，頑垢便能去除。要是仍然無法清除，只好使用最後手段，但這種作法會造成鍋子表面損傷，我並不太推薦。你可以用鋼刷將頑垢刷除，或是空燒鍋子讓頑垢炭化，但是一旦這樣做了，原本特地做出來的保護油層就會全部脫落，恢復成最初始的平底鍋狀態，得再重頭做一次馴養鍋子的「儀式」。

●收納方法

鐵鍋最怕潮濕，會立刻生鏽。鍋子洗好後，請養成立刻放在爐子上將水氣蒸乾、用廚房紙巾擦乾等習慣。要是長時間不使用，請將鐵鍋整個塗上一層薄薄的油，用報紙包好即可。

報紙具有防止氧化的功用。總的來說，只要常常使用鐵鍋，讓它保持被油浸潤的狀態，就不用擔心會生鏽了。

●保養方法

長時間不使用或放在濕氣重的地方，鐵鍋會生鏽。這時你得先用布刷、鋼刷或砂紙等保養用品去除鐵鏽。待鐵鏽刮除後，再重新做一次剛買來時做過的馴鍋儀式，讓鍋子恢復容易使用的狀態。

手工生鐵平底鍋是不是一件能讓你真正體驗養鍋樂趣的廚房用具呢？鐵鍋一開始就像難以馴服的野馬，既耗費時間，又不好駕馭，但你只要每天使用它，它就會變成言聽計從的名馬，成為一把你自己獨有的特別平底鍋。原本不聽話的野馬馴服成自己喜愛的樣子時，那種成就感與爽快感，真是讓人開心得不得了。

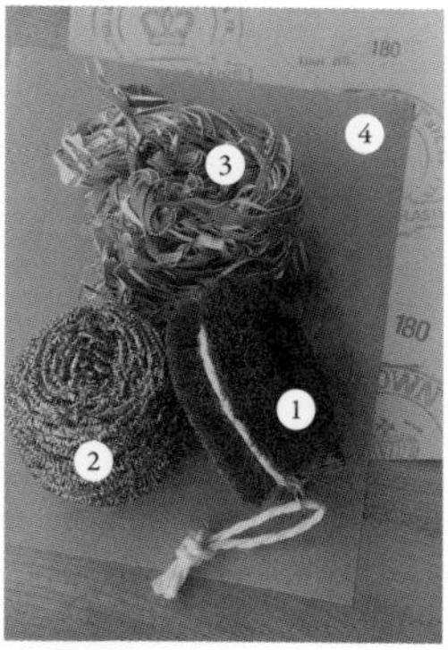

保養用品：
1 棕櫚刷
2 鋼刷
3 布刷
4 砂紙

「在接觸到鐵的部分下工夫，完成的料理即大不相同。」

小酒館「organ」（東京・西荻窪）老闆　紺野真

很早便接觸現在很受歡迎的自然派紅酒，並提供搭配紅酒的料理，「organ」老闆紺野真是使用手工生鐵平底鍋的高手。

他不只熟知鐵的特性，更堅持鐵鍋的厚度、尺寸、形狀等細微處，探究著肉與魚的平底鍋料理。

——我用的三・二公釐厚平底鍋是特別製作的，因為很厚重，所以保溫度非常好。即使只用小火，溫度還是很高，而且會保持在一定的溫度，不會有溫度不均的情況。我做的料理很多都要用小火慢慢燉煮，所以特別訂作了厚一點的平底鍋。

平底鍋的大小也是配合肉的尺寸特別訂作的。烹調時，平底鍋內沒有放上肉的地方，會因為肉的油脂而燒焦，所以盡量讓平底鍋沒有留白的部分比較好。其實呢，鐵鍋底部有些許的凹陷，畢竟在自然界也沒有完全筆直與完全平坦的東西嘛。

食材與鐵完全貼合的話，接觸到的部分會煎得酥脆，沒接觸的部分則會變得鬆軟，能把魚類料理煎至最棒的狀況。食材只要能與廚房用具搭配得宜，一切就很方便，而生鐵廚房用具的最大優點，正是可以隨機應變。

以品酒師的身分進入料理世界，在二〇〇五年於三軒茶屋開設能讓大家喝到美味的自然派紅酒「uguisu」，二〇一一年再開了偏重料理的「organ」。兩家都是高朋滿座的人氣餐廳，店裡的料理「幾乎都是自己獨創的」。

用特別訂作的平底鍋烹調蜂蜜香草風味的鴨肉。把從鴨肉流出來的鴨油，用湯匙舀起淋在肉上，慢慢燉煮。

匯整我們在店裡常被問到的問題

Q&A

〔平底鍋篇〕

Q **西餐廳常使用鐵製平底鍋，為什麼專業廚師都用鐵製的？**

A 鐵製平底鍋能以高溫烹調料理，讓食材的水氣蒸乾，煎出焦色與酥脆。而且鐵的蓄熱性很好，很容易就能讓食材中心完全煮透，是一件能輕鬆做出理想料理的鍋具。與氟樹脂加工的平底鍋相比，鐵平底鍋的使用壽命也比較長，因此受到專業廚師的青睞。

Q **我聽說鐵平底鍋需要空燒，用IH調理爐也可以嗎？**

A 鐵平底鍋為了預防生鏽，都會塗上一層蠟，因此使用前需要空燒以除蠟，但不能用IH調理爐來空燒。不過，釜淺商店販賣的手工生鐵平底鍋沒有塗防鏽蠟，而是改塗一層薄薄的油，所以不需要特別空燒。

Q **為了做出保護油層，必須炒蔬菜殘渣，要使用哪種蔬菜呢？**

A 什麼蔬菜都可以，芹菜、薑、蔥等味道較重的蔬菜，較容易去除鐵鏽味。

Q **以前我用鐵平底鍋時很容易就燒焦了，要怎樣做才不會燒焦？**

A 開始使用平底鍋之前，要確實做出一層保護油層，如果鍋子沒有保護油層，食材就容易燒焦，容易生鏽。請不要覺得麻煩，多花點時間跟它建立良好的關係。一開始也請盡量烹調多油料理，這樣養鍋會比較容易。蛋料理比較容易燒焦，得多多留心。最重要的是，烹調前要確實用高溫熱鍋，鐵鍋如果沒先溫熱就煮菜的話，很容易燒焦。先以大火加熱，待鍋子冒出淡淡的煙，就是可以下鍋的訊號。

Q **鍋子裡有頑固的焦痕，怎麼洗都洗不掉。怎樣才能洗乾淨？**

A 趁鍋子還溫熱時，用棕刷與溫水清洗，若還是洗不掉，先將鍋裡裝水泡一陣子。若還是洗不起來，將水煮沸，再用鋼刷刷除頑垢，或是空燒鍋子讓頑垢炭化。但是這樣做的話，原本特地做好的保護油層會全部脫落，恢復到最初始的平底鍋狀態，得再做一次馴鍋儀式。

Q **我不知道該買多大尺寸的鍋子，請告訴我該如何選擇？**

A 直徑十八公分的鍋子是正好能做一顆太陽蛋與一個漢堡肉的尺寸，最適合一個人住與早上做便當。直徑二十二公分的鍋子是炒一人份或兩人份的菜時，最方便的尺寸。直徑二十四至二十六公分的話，則是兩至三人份，直徑二十八公分以上是三至五人份，但這些只是基準。若你經常炒菜，選尺寸大一點的鍋子比較輕鬆。食材少時用大鍋子來炒，還可以把菜炒得特別爽脆。不過有些人會覺得大鍋子洗起來麻煩，因此不常使用，這樣真的蠻可惜的。當然，選擇鍋子的尺寸時，也要一併考慮廚房的空間與收納空間的大小。

Q **要多厚的鐵比較好？**

A 厚度的話，一公釐的用起來很容易，但溫度上升快速，也就容易燒焦，是其缺點。中菜鍋與一般市售平底鍋多半是稍厚一點的一．二至一．六公釐，最適合炒薄肉片與蔬菜。釜淺商店販售的手工生鐵平底鍋厚達二．三公釐，重量不輕，不過蓄熱性與保溫性都很好，非常適合煎煮料理。三．二公釐厚平底鍋更重，連男性要拿起來都不容易，但其煎煮料理的功力無人能出其右，最適合煎肉排和漢堡肉。不過若論其性能，重量過重使用起來自然比較不方便。建議實際拿看看，挑選一個平常會用的款式。

Q **鐵平底鍋可以直接放進烤箱或炙燒嗎？**

A 完全沒問題，只不過把手有點礙事，所以如果要放進烤箱或炙燒，建議使用雙耳平底鍋。雙耳平底鍋的優點是，烹調完成不用再移入盤子，整個鍋子直接端上桌即可。因油浸潤至黝黑發亮的平底鍋看起來頗為雅致，更能襯托裡面盛裝的料理，大大促進食欲。

STORY OF

GOOD COOKING TOOLS

良理廚房用具的故事

3

釜飯是釜淺商店第二代想出來的！

我的祖父是釜淺商店第二代店主熊澤太郎，是一位走在時代尖端的人。海外旅遊一解禁，他馬上前往美國；當時沒什麼人打高爾夫球，他已經開始揮桿；相機那時候非常昂貴，他把拍照當興趣。祖父還喜歡邊走邊喝酒，我曾聽父親抱怨「從沒看過他工作的樣子」。

但是，這樣的祖父其實是構思出釜飯的人。祖父去現在仍位於淺草的居酒屋「二葉」，像往常一樣一個人喝酒時，喝到最後想吃兩碗飯做結束，但當時並沒有小的釜鍋，於是他就找了專業師傅訂作。

如果將大鍋直接縮小尺寸製作的話，平衡會不對，因此祖父自己設計，提高鍋緣的位置；又比如釜底是圓的，沒辦法好好放在桌上，他就把日式量米器翻過來，挖空底部，再把小釜鍋放進去。祖父基於有趣而把飯和白飯放在各種容器裡炊煮，最後做出了釜飯這種廚房用具，後來「二葉」還把釜飯當作招牌料理。

雪平鍋篇

雪平鍋的理由

重量很輕，能應付各種要求

鍋界的全能選手！

或許有的人不太熟悉，但只要去日本餐廳，一定能看到雪平鍋大展身手。

雪平鍋的材質多半是鋁和銅，如果是鋁製的，重量特別輕。雪平鍋可以當作舀水杓，要將高湯、煮汁、煮物倒入另一個鍋子裡時也很方便。而且鋁和銅這類材質導熱很快，鍋子一放在爐子上很快就熱。短時間就能將水煮沸，最適合用來煮與燙食材。在專業廚師的世界裡，熬煮高湯稱為「拉高湯」，也是雪平鍋派上用場的時候。用來煮味噌湯也非常方便。當訂單多時，雪平鍋最能靈活對應，堪稱是萬能鍋。

而且，雖然常常被派上場，非常忙碌，雪平鍋的名字與圓圓的可愛模樣，就是不慌不忙，也沒流汗的感覺，散發著一種漫不經心的氛圍。

雪平鍋的漢字也有人寫成行平鍋，名字由來則眾說紛云。一個說法是，平安時代的詩人在原行平曾於須磨當海女，汲取海水，煮成鹽，當時他用的鍋子裡出現了像雪般白色的鹽；另有一說是，煮東西時冒出水蒸氣的樣子稱之為「湯氣平」（日文發音為：yukehira），然後演變成「行平」（日文發音為：yukihira）。無論哪種說法，都是將日式風格的器具以喜愛的文字取了一個令人玩味的名字。

只要擁有雪平鍋，絕對會為你的廚房用具增添風味，生活肯定也更有樂趣。

專業作法，設計有其道理

以下介紹雪平鍋的伙伴。

雪平鍋／標準款式是沒有蓋子，深度中等，只有單一把手的鍋子。注入嘴口有左右兩個的款式，也有單一嘴口的。把手以木製居多，用螺絲固定。如果把手磨損或壞了，可以只換把手就好。鍋子的材質有鋁與銅，也有不鏽鋼的。

矢床鍋／把雪平鍋的把手與注入嘴口都拿掉，就是矢床鍋了。想把鍋子從爐上拿起來時，則用名為「矢床」的鍋夾挾起。矢床鍋之所以誕生，是因為餐廳裡業務用的瓦斯爐火力強大，常常燒壞木製把手。而且若同時用好幾個鍋子做料理，把手比較礙事。矢床鍋看起來很可愛，也可以直接當作餐盤使用。尺寸不同的鍋子還可以直接疊起來收納。

和尚鍋／因為鍋底是圓形，所以叫做和尚鍋。圓底鍋在煮湯時的對流、熱循環較佳，效率也較好。也有矢床款的和尚鍋。日式甜點師傅在做紅豆餡與西式甜點師傅在做卡式達醬時，都會使用和尚鍋。

1 不鏽鋼雙嘴口雪平鍋（15cm）
2 姬野手工雪平鍋（15cm）
3 姬野手工鋁製矢床鍋（15、21、24cm）
4 鍋夾
5 和尚鍋（18cm）
6 姬野手工鋁製雪平鍋（21cm）
7 姬野手工鋁製雙嘴口雪平鍋（15cm）

5
7
6

姬野手工雪平鍋的理由

師傅敲打的痕跡散發出絢麗的光芒

全日本只剩幾位師傅還會的工藝

表面凹凹凸凸的模樣是雪平鍋的商標。鋁與銅原本就屬於軟金屬，為了讓它變硬、變堅固，就得藉由敲打使其金屬粒子變得緊實，這也是老祖宗的智慧「痕跡」。

最近有很多將此類簡單設計再加工的鍋子，而像「姬野手工雪平鍋」這種不是用機器製作，而是專業師傅手工打製、沿襲古老製法做出來的雪平鍋，堪稱少數。

製作者姬野壽一表示，全日本懂得手工製作雪平鍋的人剩不到十位。我曾多次前往姬野位於大阪府八尾市的工作室，距離數十公尺時，就可以聽到充滿節奏感、敲打鍋子的「鏘鏘」聲響。

姬野壽一說，鍋底、鍋身、鍋底與鍋身之間的邊界，得分別使用三種不同大小與重量的鐵槌來敲打。尤其是敲打太多次就容易受損的鍋緣，要用小鐵槌在約一公分的極小部位小心地敲打四個角落，使其變堅固。鋁製要敲打一千五百次，銅製要敲打三千次才能完成，是非常需要耐心的工作。

「同一個地方如果敲打兩次就失敗了，要慢慢敲打，如果打得不平均，受熱就不會均匀」，製作雪平鍋已有二十七年經驗的姬野壽一如是說。這樣製作完成的鍋子表面積會擴展百分之十五至二十，也是其熱傳導更好的祕密。

近乎藝術作品的器具

厚度是姬野製作的另一優點。一般來說，雪平鍋的厚度是一．八到兩公釐，他們的有三公釐厚。不僅能使食材慢慢加熱，還會使整個鍋子的溫度均等，在燉煮食物時能讓每一個食材都同時受熱。保溫度也很好，即便關了火仍能保持溫度，將食材燜煮得更加入味。

敲打法有同樣方向與同樣打法的正列法，以及敲打位置微妙改變的亂打法。前者會是整齊的凹凸弧形，後者看起來像是平整的一整面，也讓散發出來的氣氛為之一變。

在太陽與照明的照射下，雪平鍋的周圍會因光的反射而出現一圈夢幻的光輪，隨著照射角度的不同，還會看到各種多樣的表情。彷彿已經超越了廚房用具的領域，讓人覺得散發出藝術品般的光輝、美麗。

攝影：谷本裕志

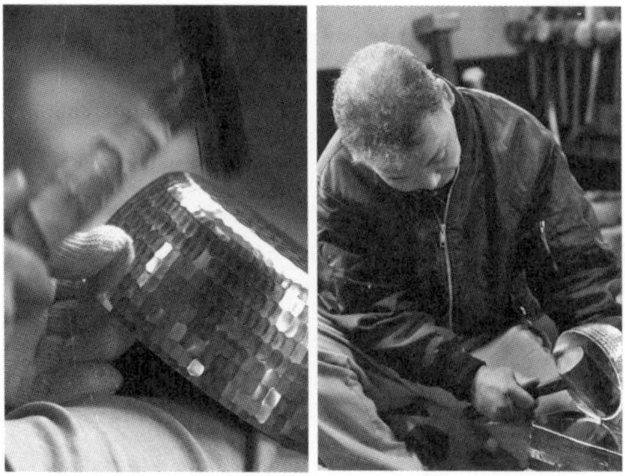

經由姬野壽一的手，鋁和銅變成堅固的鍋具，成為散發令人心醉光芒的藝術品。

「只要看到雪平鍋就心情雀躍，想用心做料理。」

壽司店「醋飯屋」（東京・江戶川橋）老闆 岡田大介

「醋飯屋」的岡田大介與全日本的漁夫有私人聯絡網，就算不去市場也拿得到珍貴的魚讓客人享用。常常前往各地尋找食材的他非親眼看到不可，是位硬派的熱情專業廚師。

當然，岡田大介對廚房用具更是堅持，他很愛用姬野的手工雪平鍋。

——我特別訂作了十五公分與二十一公分兩種尺寸、嘴口都是鴨嘴的雪平鍋，用來燉煮食物與煮湯，每天都會使用它們。舀取高湯、分裝，倒的時候也不會滴出來，不太需要湯杓了呢。

我因為太喜歡姬野的廚房用具，還跟姬野先生特別訂做了黑輪鍋。在鍋子裡特別做出六個分隔區，這樣烹調黑輪時味道就不會混雜在一起，鍋子的加熱速度也快，不過最令人訝異的還是每一處的溫度都均等。

不需要特別小心保養這點也很好，多少會帶點黑，但在燈光的照耀下卻像銀球吊燈般閃閃發亮。看到這樣的模樣，總是讓我想努力盡全力做料理。能讓下廚者心情雀躍的用具最棒了，我想這種機會應該不常遇到吧。

母親的驟逝讓他深切感受到料理的重要性，大學休學後分別在和食店、壽司店修習。二〇〇四年獨立，二〇〇八年時改建一間大正時代的豆腐店，與藝廊併設，開了「醋飯屋」。對於將魚神經拔除，引出魚的美味的「熟魚」料理充滿自信。

切成圓輪形的白蘿蔔以柴魚高湯慢慢燉煮，在雪平鍋裡浮沉的模樣，看起來相當美味。只要再加入沾醬*，簡單又最棒的小菜就完成了。

* 醬有許多種，如味噌、以肉類製成的肉醬、以蝦子製成的蝦醬等。

姬野手工雪平鍋的保養

一開始時閃閃發光
越用色澤變得越深邃，
值得慢慢玩味的變化

保養四鐵則

1. 即使變黑也沒問題。
2. 可以用清潔劑清洗。
3. 不可盛裝料理後久放不管。
4. 傷痕是其成長的證明。

攝影：谷本裕志

●保養方法

雪平鍋不像南部鐵器與鐵製平底鍋得養鍋，買來後立刻就可以使用。當你用雪平鍋來煮水數次後，鋁會變黑，不用擔心它是否變質，只要功能方面沒什麼特別問題就可以繼續使用。如果你想預防它變色，放入洗米水煮沸即可。

火源方面，鋁製和銅製的鍋子不適用於ＩＨ調理爐。雪平鍋對於酸與鹽分較弱，不要還盛裝著料理就放著不管。烹調完畢後，可以使用清潔劑清洗雪平鍋。但水不要殘留，請擦乾後再收好。

●保養方法

有些專業廚師很不喜歡用鋁鍋，因為煮出來的高湯會帶黑色，但一般家庭自然沒什麼問題。要是你在意湯汁帶著黑色，可以用清潔劑將雪平鍋洗乾淨。

由於材質本身偏軟，表面自然容易刮傷，新買的雪平鍋會反射周圍的風景，還會反射光線，看起來閃閃發亮，但接下來它就會沉穩下來。這也是用具馴養後的結果，當初敲打出來的界線輪廓會慢慢變深，整體變得較為深邃、更有風味。

也就是說，買了姬野生產製作的雪平鍋，只要時常使用，好好養鍋，你就能一次次感受到不同的樂趣。只要這樣想，任誰都會有種賺到的感覺。

挑選用具的五個建議

KAMAASA'S ADVICE

1

弘法也得選好的筆。

無論你的廚藝多好，
假使沒有好的廚房用具也無法發揮。

2

去店裡實際拿拿看。

實際用眼睛看，用手觸摸與拿取，
也請親手確認每一樣用具。

3

想像使用時的情況。

每天看到、使用是最理想的。
選擇對你來說不嫌麻煩的尺寸與功能。

4

尋找最適合自己的用具。

不用管品牌和評價，
只要選擇最適合自己每天使用的用具。

5

長久使用。

請再次確認自己是否懂得保養、是否能長久使用，
是否願意「馴養廚房用具」。

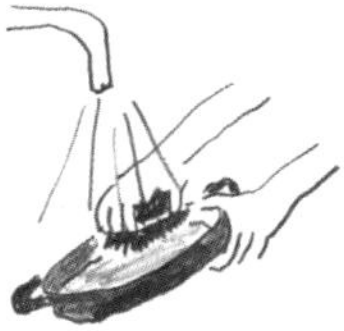

「花點工夫」的用具

在日常生活中，加入「花點工夫」的廚房用具

「特地」這個詞，一般都是非做不可的麻煩事，總給人一種負面感，但對於廚房用具來說，意思則完全相反。你會感受到一種未曾體驗過的「特地」。做了這個「特地」之後，會發生愉快的事情，你的期待會慢慢增加，「特地」變成了正面的詞彙。

我想在這裡介紹一些大家平常沒做但會想「特地」做，想在生活中加入的，「花點工夫」的廚房用具。

這類「花點工夫」的用具，日常生活中即使沒有也不會感到困擾，但一旦有了之後，自然就會發生些不可思議的事，不需要花時間很快就能完成。

原本都買一包的柴魚，想要自己刨看看；原本都買整條的山葵泥，想自己磨看看；想煎芝麻；想將煮好的飯放在木頭飯桶裡……。

當然，下廚時得多一道手續，但這麼做的話，你會驚訝地發現其香氣、風味、味道與之前有天壤地別之差。如此一來，你不再覺得多出的工夫麻煩，反而是件愉快的事。正因為每天都很忙碌，才會認為這個「特地」的工夫是奢侈的幸福。你將發現，每次你在廚房看到這個「花點工夫」的用具時，都會不自禁地露出笑容。

「花點工夫」的用具

01

刨柴魚

剛刨好柴魚時，享受溫暖、平靜、充滿香氣的時光

見 P.120

刨柴魚盒

說到柴魚，一般都是削好的一整包，但用刨柴魚盒來削的話，其香味與風味全然不同。每天早上要刨柴魚或許有點麻煩，但若是假日的早晨，你可以慢慢刨柴魚、熬高湯煮味噌湯，比平日更用心做早餐，這樣也很不錯，不是嗎？

在柴魚剛剛刨好、香氣仍殘留空氣中時，喝一口味噌湯，日常煩惱頓時一掃而空。昨天工作的失誤和麻煩的人際關係，以及因喝酒過量在酒席上的失態，全都拋在腦後了。

近來在一般家庭裡少有刨柴魚盒，但很多客人在店裡看到刨柴魚盒時都會懷念地說：「小時候我在家裡常常幫忙刨柴魚」。確實，刨柴魚的「唰唰唰」聲，是會讓人心情平靜、感到安心的聲音。

既然如此，讓幫忙刨柴魚的習慣重新復活，創造出親子和伴侶共同合作的珍貴時光，或許也很不錯喔。

「花點工夫」的用具

01

刨柴魚

由刨刀與盒子組成的，木頭材質多半使用白橡樹、山毛櫸、抱櫟、刺楸、檜木等。刨刀可以研磨，所以買了刨柴魚盒後，幾乎可說能永久使用。用完後，將殘渣與粉末清除乾淨，收藏在乾燥的地方。

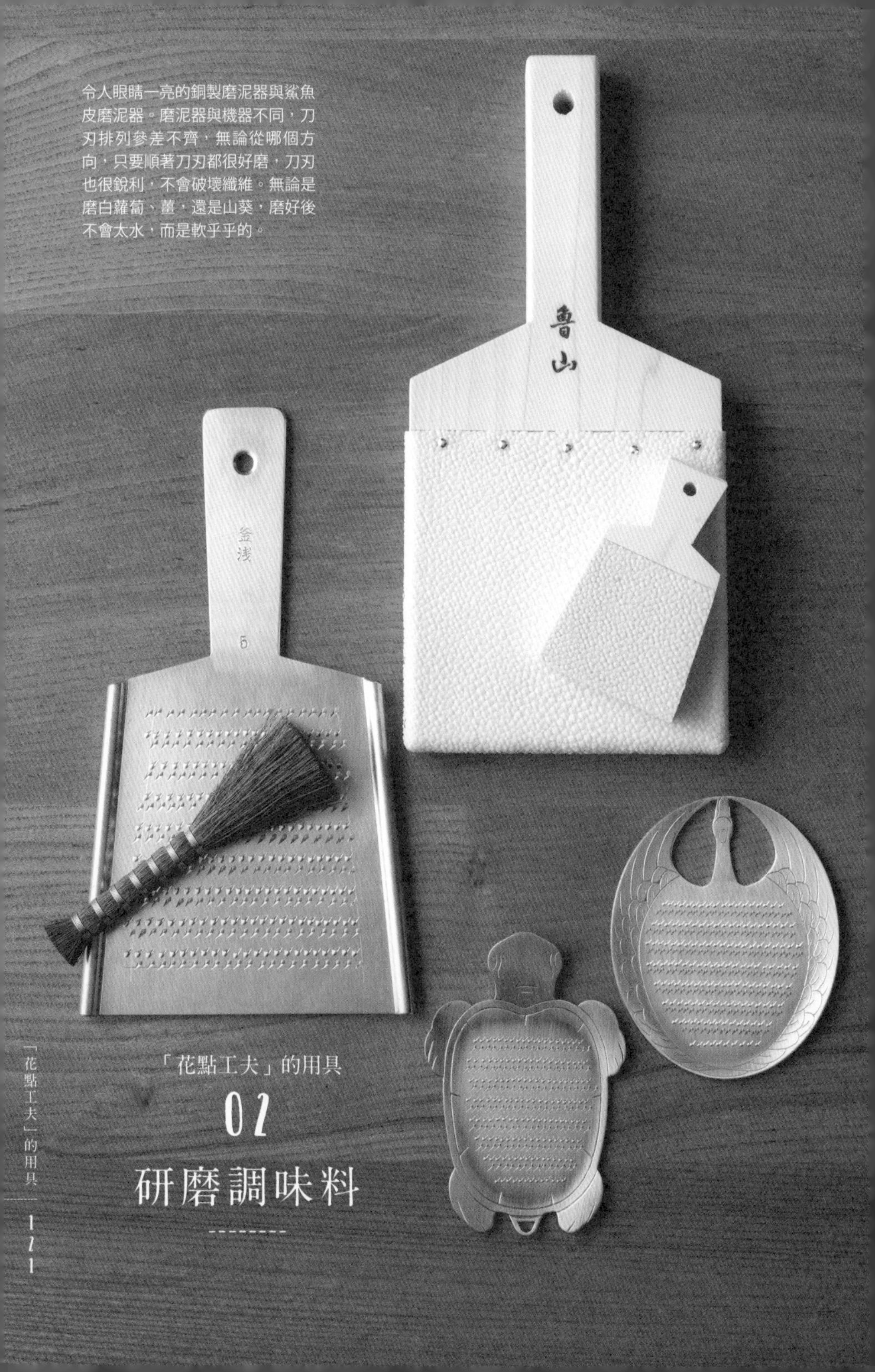

令人眼睛一亮的銅製磨泥器與鯊魚皮磨泥器。磨泥器與機器不同，刀刃排列參差不齊，無論從哪個方向，只要順著刀刃都很好磨，刀刃也很銳利，不會破壞纖維。無論是磨白蘿蔔、薑，還是山葵，磨好後不會太水，而是軟乎乎的。

「花點工夫」的用具

02

研磨調味料

「花點工夫」的用具

02

研磨調味料

輕輕鬆鬆擁有 刺激又奢侈的時光

見 P.121

1 鯊魚皮磨泥器（特小）
2 鯊魚皮磨泥器（魯山）
3 銅製磨泥器（鶴）
4 銅製磨泥器（龜）
5 銅製磨泥器（5號）
6 棕櫚刷（角落）

要享用蕎麥麵與烏龍麵時，請用銅製磨泥器和鯊魚皮磨泥器來磨芥末與薑。一整條的芥末泥沒什麼意思，還是享受一下刺激又奢侈的時間吧。磨泥要花點工夫與時間，卻能讓人心情豐富又愉快。

磨泥器有鋁製、不鏽鋼、陶瓷等不同材質，在此介紹專業師傅手工製作、可換刃片的銅製磨泥器。一般來說，大型磨泥器表面的刀刃是用來磨白蘿蔔和山藥，背面的細刀刃則磨調味料和柚子皮。刃片若因長久使用而變鈍，約可替換三次。

做成吉祥象徵的鶴狀與龜狀磨泥器是磨調味料用的，最適合當作送禮的禮物。為了預防生鏽，表面做了鍍錫處理。白色的鯊魚皮磨泥器以鯊魚皮製成，是用來磨芥末的專用款。若與銅製磨泥器相較，鯊魚皮磨泥器磨出來的芥末辣味比較柔和，嘗起來也比較綿密，可依照個人喜好搭配使用。

無論是哪一種磨泥器，清洗時使用小刷子就能洗掉小細縫的污垢，很方便。棕櫚刷既耐水又耐磨，纖維也很柔軟，不會刮傷磨泥器。

「花點工夫」的用具

03

煎銀杏和芝麻

如果有專門的煎具，生活會更有品質

見P.124

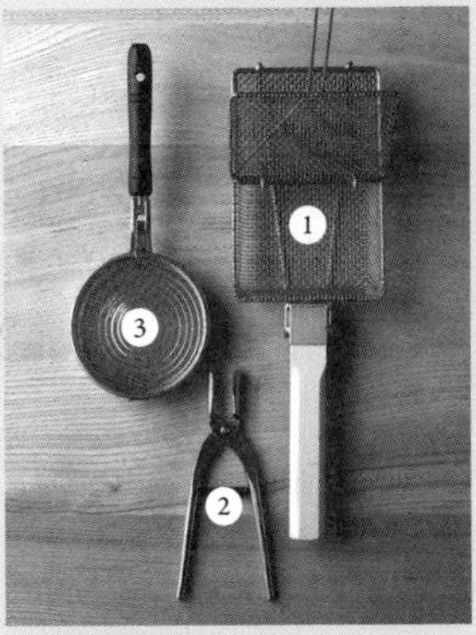

1 銀杏煎網
2 銀杏夾
3 芝麻煎網

剛煎好的銀杏灑上鹽巴享用，其香味與又熱又鬆軟的口感，真是美味。不過剝開銀杏殼是很辛苦的，若用夾子或料理剪刀來剝，不小心失手的話手會很痛，要是力道不對還會傷到銀杏，這種狀況常常發生。這種時候如果有銀杏夾，就能輕鬆剝除銀杏殼了。

雖然可以用平底鍋與電磁爐來煎銀杏，但我推薦專用的銀杏煎網。它有蓋子，就算殼彈起來也不用擔心銀杏會飛出來。等到銀杏的季節結束以後，還可以拿來煎新年時留下來的餅或麻糬，也能烘咖啡豆，一整年都派得上用場。而且做這種得花點工夫的事，其實會讓人感覺特別愉快。

自己煎芝麻的香味也完全不同。當然可以用平底鍋煎，只是芝麻會跳起飛得到處都是，用芝麻煎網的話，因為它有蓋子，能預防四處飛散，建議只煎要吃的份量即可。沒喝完或是放很久的綠茶也可以用芝麻煎網來煎，做成煎茶，家裡會充滿著經過茶屋時忍不住想深呼吸的茶香。

「花點工夫」的用具

03

煎銀杏和芝麻

一般會認為煎銀杏和芝麻的用具很少用到，其實用途還滿多的。銀杏煎網可以拿來烘焙咖啡豆；芝麻煎網可以用來做煎茶。既然都買了，就要常常使用它，用具也會很開心的。

「花點工夫」的用具

04

將飯移到飯桶裡

將電鍋剛煮好的飯移至飯桶裡，光這樣做，就能讓米飯保持適當的濕度，還能吸收米飯裡多餘的水分，更能嘗到米飯原本的美味。飯桶的材質是日本花柏，具有防腐的效果，能長久維持米飯的新鮮度。

「花點工夫」的用具

04

將飯移到飯桶裡

長時間保持
米飯原味的祕密武器

見 P.125

日本花柏飯桶與宮島飯杓

剛剛煮好的米飯，一邊吹涼一邊吃，我想沒有比這更美味的了。其實，飯煮好的十分鐘後，米飯會變緊實，能品嘗到米原本的美味。這正是飯桶派上用場的時刻。飯桶不怕水，又輕，從以前就是廚房用品裡的必備物，是件很重要的物品。如果米飯一直放在電鍋裡，米飯的表面會變乾，底部則濕黏黏的，要是放在日本花柏的飯桶裡，不但能保持適當的濕度，飯桶還能吸收米飯多餘的水分。

既然如此，飯杓也得講究一些。雖然有塑膠製的飯杓，但因為飯桶是木製的，搭配木製飯杓自然比較合拍。櫻木的細毛比較少，較好握。

順帶一提，要把飯移到飯桶裡時，一定要先將飯桶沖過水，保持濕度。用完後先用水或溫水泡一下，再將殘渣清除乾淨，並將內部的水擦乾。請將飯桶放置在乾燥的地方，預防發霉。

每天早上從飯桶裡盛出鬆軟的白米飯，不只是平日的早晨變得特別而已，今天一定也會是美好的一天。

「花點工夫」的用具

05

用炭火燒烤

最大限度地
引出食材的美味

見 P.128

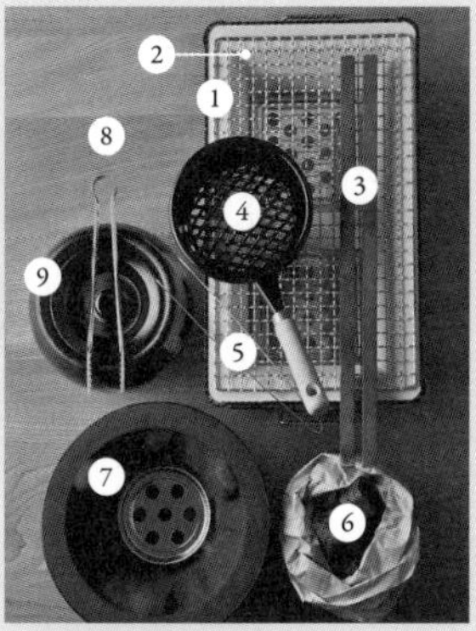

1 方型 BBQ 炭火爐
2 方型 BBQ 炭火爐專用不鏽鋼烤網
3 鐵條（45cm）
4 起火爐
5 烤肉夾
6 備長炭（1kg）
7 桌上型炭火爐
8 木炭夾（24cm）
9 熄火壺

用炭火調理的食材為什麼這麼美味呢？那是因為用炭火調理的加熱方式不會讓食材失去水分，烤好後自然外層酥脆、內裡多汁。炭烤肉類當然美味，海鮮和蔬菜也會因為炭火更好吃。

這裡要介紹的桌上型炭火爐，就是能讓你享受「炭火生活」的用具。烤肉店桌上的圓型炭火爐很常見，其實方型的炭火爐也很好用。可以烤整隻秋刀魚等魚類。如果要烤串燒如雞肉串，想讓鐵網離火遠一點，可以用鐵條將鐵網架高。若不是在戶外，而是在家裡使用瓦斯，可將木炭放入起火爐裡起火，就能盡快把火升好。

木炭的種類很多，很多人似乎不知道哪一種木炭比較好。剛開始接觸的話，我推薦容易升火的備長炭。「炭火生活」最重要的是保持空氣流通，若是在室內使用，燒出來的煙會很大，建議把炭火爐放在換氣扇下方。

「花點工夫」的用具

05 用炭火燒烤

要將燒紅的炭放入桌上型炭火爐時，有炭火夾會很方便。若想保存殘餘的木炭，可以把用剩的炭放到熄火壺裡，下次要升火時，殘餘的木炭將加快升火的速度，也能用來調整火力，請別丟掉，好好保存。

「花點工夫」的用具

06

溫酒

以間接加熱法溫酒的話，能讓酒的整體溫度均一地溫熱，不會減損風味，喝起來特別美味。如果使用電磁爐，想讓整體都溫熱的話，就會加熱過頭，減損了原有的味道，那樣酒會哭泣的。想要享用美味的酒，就不能省略花時間溫酒的工夫。

「花點工夫」的用具

06

溫酒

在居酒屋的氣氛中享用美酒

見 P.129

1 錫製溫酒器（1.5 合）
2 溫酒器（1 合）
3 酒溫計

用來溫酒的用具有好幾種名字，如溫酒器、溫酒樽等，使用的材質也有鋁、錫、銅、不鏽鋼等很多種。其中以錫製的導熱最快，據說也有殺菌的功能。以前用錫製溫酒器來溫酒的說法是能提升酒的風味，現在也仍然是愛酒人士的愛用品。

依據不同材質，其熱傳導速度與容易維持與否各有不同的特性，但無論如何，用溫酒器倒酒時，心情肯定會為之一振。寒冷的冬季身體從內冷到外，好不容易回到家，把酒與配酒小菜一起拿出來時，肯定會有「今天我很努力真好！」的小小雀躍感。

酒的溫度當然是最重要的。滿心期待喝了一口酒，結果酒熱過頭，酒精都揮發掉了，原本的小雀躍瞬間變成失望。這種時候酒溫計就是你的救世主，可在溫酒時放入，加熱到自己喜歡的溫度，溫燗、上燗、熱燗都可以。邊看著溫酒計邊興奮地等待，也是很愉快的時光。

「花點工夫」的用具

07

煎蛋捲

藉由一件用具而變得有趣

見 P.132

1 關東型銅製煎蛋捲鍋（15cm）
2 蛋捲鍋木蓋（15cm）
3 裝油罐與油刷組合
4 姬野手工鋁製親子鍋
5 關西型銅製煎蛋捲鍋（12cm）

煎蛋捲用具分成長方型的關西型與正方型的關東型兩種。一般的日式蛋捲是用關西型做出來的。壽司店那種蛋汁裡加入蝦與白肉魚，用小火慢煎而成的蛋捲，以及在築地經常看到、煎成對半折的蛋捲，則是用關東型做的。因為在慢慢煎蛋與蛋成形時都得蓋上木蓋，所以只有關東型的煎蛋捲鍋才有木蓋。一般家庭如果要用的話，關西型用起來較方便。

裝油罐與油刷組合在煎蛋捲時自然派得上用場，其實做好吃燒與章魚燒時也很方便。不會有多餘的油，能整體平均地塗上一層油。若拿一整瓶油直接倒油時常不小心倒太多，使用裝油罐與油刷組合就不會發生這種情形。

這裡也再介紹一個與蛋有關的親子鍋。雖然可以用平底鍋與普通的鍋子做親子丼，但用親子鍋做的話，就能從親子鍋內直接將丼料盛放在熱騰騰的飯上，那種將軟呼呼的蛋汁倒在飯上的緊張感與放上去時看起來特別美味的興奮感，只有親子鍋才能讓你體驗到。

「花點工夫」的用具

07

煎蛋捲

銅製的導熱效果佳，能讓鍋子均一加熱，煎出鬆軟的蛋捲。剛開始用時，可用裝油罐與油刷組合讓整個鍋子都被油浸潤，用完以後，因為鍋子好不容易有了保護油層，請別用清潔劑，用溫水清洗鍋子即可。

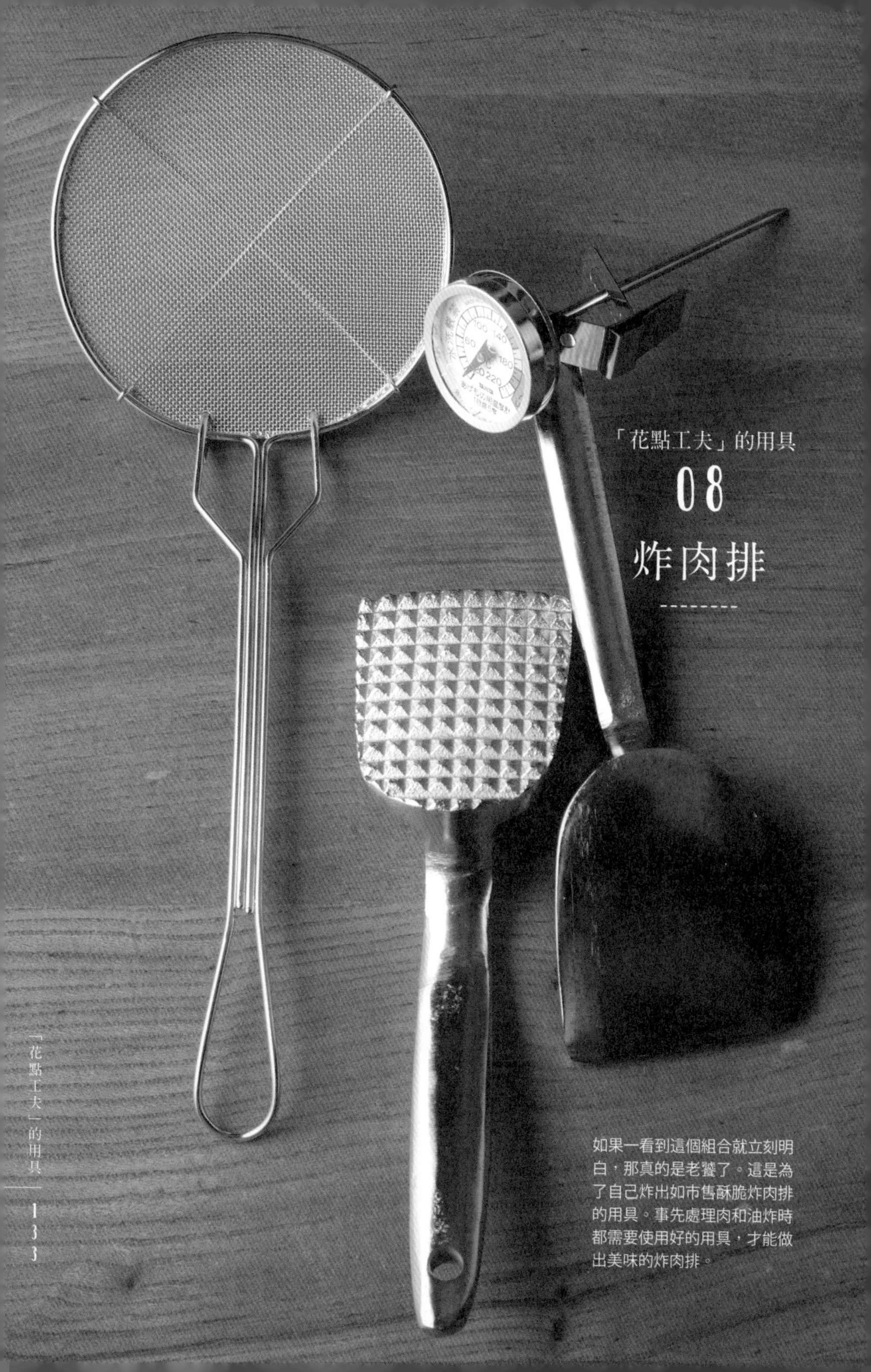

「花點工夫」的用具

08

炸肉排

如果一看到這個組合就立刻明白，那真的是老饕了。這是為了自己炸出如市售酥脆炸肉排的用具。事先處理肉和油炸時都需要使用好的用具，才能做出美味的炸肉排。

「花點工夫」的用具

08

炸肉排

紓發壓力、讓心情變好

見P.133

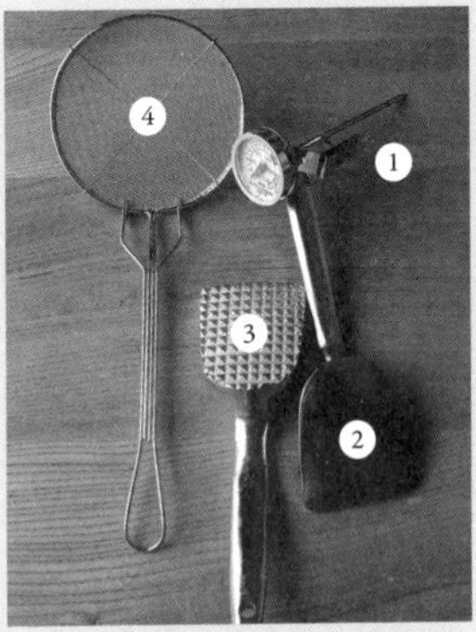

1 油炸用溫度計
2 肉槌（平）
3 肉槌（鋸齒）
4 瀝杓（圓）

肉槌是敲打肉以破壞纖維、讓肉變軟的用具。筋較多的肉可以使用鋸齒肉槌，將筋破壞掉，平的肉槌能使肉成形。有人會拿紅酒空瓶來代替，但如果太用力可能會把酒瓶敲破，基於安全考量，還是使用專門的用具比較好，可以毋需顧慮地敲打，也比較安全。心情煩悶時就買一塊便宜的厚肉排，用力地敲打，紓發壓力，而且吃下軟嫩的肉，的確有增加活力的功效。

把肉敲軟之後，接下來就是油炸了。瀝杓能撈起浮在油上的殘渣。油鍋裡有殘渣卻繼續油炸的話，炸出來的肉會有焦色，看起來不美觀。這道手續將決定炸出成品的好壞。瀝杓除了在撈起炸物時能用，炸薯條等較細的炸物時，也可以一次撈起，非常方便。

在油炸時使用溫度計會讓炸物的品質更佳。要從聲音、麵衣冒出的氣泡來判斷炸物的溫度其實滿困難的，為了避免失敗，與測量調味料一樣，還是確實量過比較好。

「花點工夫」的用具

09

正統的蒸

充分享受健康生活

見 P.136

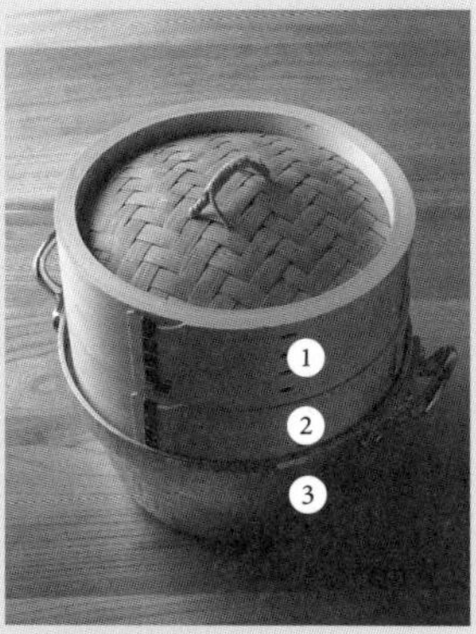

1 中式蒸籠蓋（21cm）
2 中式蒸籠（21cm）
3 姬野手工鋁製段付鍋（21cm）

最近蒸物料理很受女性歡迎，若你有正統的蒸籠用具，料理的種類會更多。不只做點心，還可以做茶碗蒸、布丁、蒸蔬菜、肉和魚，料理範圍很廣。不使用油這點很健康，而且蒸過的蔬菜體積會減少，相較於生吃，能吃更多。

蒸籠的籠子與蓋子是分開的，不能單單只用蒸籠，下面要放一個鍋子，讓水沸騰，冒出蒸氣。如果你同時買一個段付鍋，使用時會比較方便，不使用蒸籠蒸東西時，鍋子就當一般鍋子。當然，你也可以買能與現有的鍋子搭配的蒸籠。若是這樣，我建議帶著鍋子去店裡選購你的蒸籠。

原因在於，要是鍋子比蒸籠大，無法確實嵌合，就會變得不穩定，即使縫隙很小，還是會讓蒸氣跑掉，無法確實發揮功能。有時即使確實量好尺寸了，形狀卻不合，無法確實嵌合。一想到有這種特地買蒸籠最後卻尺寸不合的打擊，不要吝惜於多費點心才是上策。

「花點工夫」的用具

09

正統的蒸

雖然也有不鏽鋼蒸籠，但想要正統蒸籠的人不妨挑選這一套。竹製蒸籠能吸收多餘的水氣，讓你好好享用熱騰騰的蒸物料理。掀開蒸籠蓋時不僅看得到騰騰熱氣，還聞得到撲鼻而來的食物香，真是最幸福的瞬間。

「花點工夫」的用具

10

處理魚

處理魚或許不只是花點工夫而已，如果有好用具的話，會讓人突然間幹勁十足。大家都知道要用出刃這類菜刀，其實如果有這些小用具，麻煩的作業也會變得簡單。「讓作業變簡單」，就是這些用具的功能。

「花點工夫」的用具

10

處理魚

難度高的料理，
也是有用具來輔助的

見 P.137

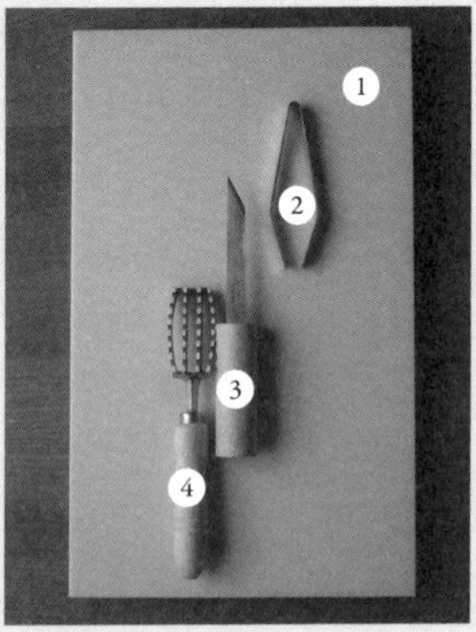

1 軟式砧板
2 魚刺專用夾
3 開殼刀
4 魚鱗刮刀

砧板的材質不同，各自的特性也不同。塑膠砧板不會發霉，比較衛生，但容易傷到菜刀的刀刃，使刀刃無法長久維持鋒利。木頭砧板對菜刀較好，但容易發霉。針對以上這些，軟式砧板既衛生又不會傷到菜刀，是兼具兩者優點的砧板。

處理魚，魚骨魚刺是重點，很多人不愛吃魚是因為去除魚骨很麻煩、一不小心魚刺就會梗在喉嚨。使用魚刺專用夾自然得花點工夫。魚刺專用夾有分成關西型、關東型、斜的、寬的、鉗子型等各種不同的款式。選擇拿起來順手的款式即可。

如果要處理鯛魚等魚鱗很多的魚類，用魚鱗刮刀會輕鬆許多，可以愉快、流暢地刮除魚鱗，只不過要小心魚鱗會四處飛散。

等到可以還算順利地處理魚之後，再來挑戰貝類。依據不同的貝類，開殼刀也有許多款式。雖然有人會用菜刀來開殼，但有點危險，也會讓刀刃受損，我比較建議使用專用的工具。

STORY OF

GOOD COOKING TOOLS

良理廚房用具的故事

4

「刻字」，縮短你與用具之間的距離

在常使用的鍋具與喜愛的用具上刻下自己的名字後，不知不覺地，使用時會很小心，也會因為珍惜，保養時比較認真。「刻字」將帶來意想不到的效果。

一般熟知的是在菜刀上刻字，但釜淺商店在銅製磨泥器的背面、平底鍋的把手、鍋體等，只要是金屬物品，都提供了刻字服務，而且要刻在哪個地方都可以。依據金屬物的不同材質，再決定以手工刻字，或是使用刻磨機。

有的人會刻自己的名字，有些人是刻贈送對象的名字，也有人想刻小孩或寵物的名字，各式各樣的需求都有。

其中也會有人提出想刻星星或心型的圖案，總之像這樣刻上名字或圖案，就會覺得那是自己才擁有的用具，與用具的關係立刻就加深了。

使用越久，刻字的部分或許沒有一開始那麼顯眼，但這也是你有好好馴養用具的證明哩。

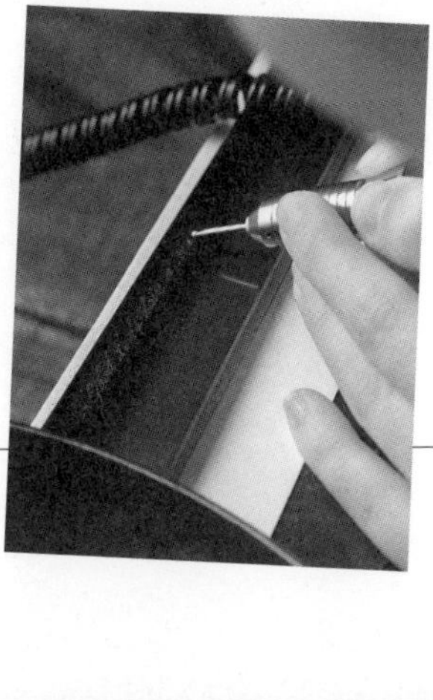

特別篇

炭火爐「YK-T」誕生！

「我想吃美味的燒肉！」男人「愛吃肉」的純情所衍生出來的用具

專業廚師與製作用具師傅之間的連繫，就是像我們這樣販售廚房用具的店家了，我們時常集結使用者的意見與製作者的想法，依此製作更好的用具。炭火爐「YK-T」的誕生正是如此，來自於三個熱愛吃肉的人，完成的過程也充滿了熱血。

以平常心輕鬆解決難題
廚房機器品牌「照姬」的董事
植大先生

一有想法便毫不遲疑
行動派的釜淺商店店長
熊澤大介

用生命將肉烤得美味的
「炭火燒YUJI」老闆
樋口裕師

三個人共同開發的炭火爐「YK-T」。將不鏽鋼網與鑄物鐵板兩者烤法結合為一的炭火爐。

前方為初代機。為了不讓鐵網與鐵板錯位所以做成四方形。右上方是四個角凸出的二號機。左上方是周圍再做過改良的三號機。

想將腸子與肉片烤得美味 烤法是不一樣的

常來釜淺商店買廚房用具的「炭火燒YUJI」老闆樋口裕師有一天到我們店裡來，找我商量：「我想做在店裡使用的炭火爐」。樋口先生追求烤肉之道，對於如何將肉烤得美味非常講究，他花了整整二十五年得到一個答案——

炭火爐「YKIT」誕生！

「我想吃美味的燒肉！」經由不斷改良，追求理想的爐具

如果烤內臟的腸子，裡面卻沒有烤透，不會好吃，因此最適合用網子來烤腸子。但如果要將肋排等肉類的表面烤出焦色，裡面卻依然鮮嫩多汁，用網子來烤就會烤過頭，最理想的是用鐵板來烤，才能讓表面快速烤好，裡頭仍有肉汁。

我至今使用過許多用具，但從來沒有見過能同時使用網子與鐵板的炭火爐，不過我本來就很愛吃肉，一聽他提出這種要求，當然不能置之不理。我立刻回答：「我們來做看看吧」。

我立刻連絡做廚房機器的「照姫」植先生。我常常跟植先生說：「我想要這樣的用具」，委託他製作新款用具。多半都是我突然想到什麼便請他做，而每次他都確實地回應我，給了我很大的幫助。加上他也是愛吃肉的同好，所以很快就答應我：「兩種都可以用是非常畫時代的想法，我們來做看看吧」。

一星期後，植先生帶來了一號機的試作品。鐵板是鑄物，所以得做新的鑄

在改良過程中，把桌子燒壞了。

模，但不會多花錢，因為可以借用放在瓦斯爐上的鐵板做成長形的炭火爐。一般來說，桌上型炭火爐多半是圓形，因此光是外型就讓人耳目一新。我們立刻拿到樋口先生的餐廳試用。

結果光是只放網子，立刻就錯位了，炭火的火力太強，高度得抬高至三・五公分高，做出四方的凸角以防止網子錯位，也就是二號機。不過這樣一來，油脂與醬汁會從旁邊滴落，只好再次從周圍進行改良。

五號機是現行的款式，有三層構造，能隔熱與蓄熱。

內部構造從兩層改為三層更具機能美

三號機內部使用的石材本來是「抗火石」，但出現不耐用與裂掉的狀況，於是將石頭換成鐵。就在我們以為終於完成時，卻變成中間密閉的炭火悶燒，發生炭火爐的底部過熱，燒壞桌子的事。慘劇接二連三。

最後，我們將兩層構造加強成三層，以達到隔熱效果，同時兼具蓄熱功效。大約花了一年時間，前前後後共做了五個試作品，終於完成了能夠使用網子與鐵板的兩用炭火爐。

雖然這是樋口先生特別訂作的商品，但因為成品太優秀了，我請他也讓我在店裡販售。順帶一提，炭火爐「YKIT」的Y是取自「炭火燒YUJI」，K是取自「釜淺商店」，T是指樋口先生和我都喜歡的「保時捷911」基本款等級，「保時捷911」後來的E、S、RS車款等級不斷提升，代表著我們不會就此滿足，現在只是在完成的路途上而已。

樋口先生提出「如果可以調整火力就好了」、「鐵板的縫隙若小一點，烤肉的效率會更佳」等新的改良點。我們想吃到更美味的燒肉，對肉的熱情暫時也不會冷卻。

「炭火燒 YUJI」（東京・澀谷）。樋口先生吃遍全日本的燒肉名店，追求美味的烤肉法與醬汁，他的料理已經超越燒肉料理的境界了。這家店從開門營業就出現排隊人潮直到打烊，是東京屈指可數的人氣餐廳。

手工生鐵
平底鍋
SPECIAL

LET'S COOK!

與野村友里一起用18cm手工生鐵平底鍋做菜

總是很親切的餐飲監理師野村友里是手工生鐵平底鍋的愛用者，她自己私下也常使用平底鍋，就讓她教大家幾道簡單的平底鍋料理吧。

COOKING

「小平底鍋清洗起來很輕鬆，會讓人想做菜」——野村

前往野村小姐位於東京原宿的漂亮餐廳「restaurant eatrip」拜訪時，我看到她在廚房裡用的是最小尺寸的十八公分手工生鐵平底鍋，我家是五口之家，因此不會使用這種小尺寸的款式，這種小平底鍋究竟能做什麼料理呢？

手邊有能讓我提起幹勁的鍋具，會讓我非常開心

野村　我很喜歡這種尺寸的平底鍋，因為我不想大張旗鼓地做料理，早上一起床，小平底鍋會讓我想立刻煮菜，拿來做便當菜也很方便。小平底鍋容易清洗，大平底鍋較重，清洗時比較麻煩，會讓人提不起勁來煮菜。

熊澤　這一點確實很重要。看到鍋具會讓人想要做菜，我想這對鍋具來說是很幸福的。

野村　小平底鍋雖然小，能做的事還不少呢。最棒的是它能做出很漂亮的焦色。人家常說，能做出漂亮焦色，就代表很會做菜。

熊澤　焦色是這款手工生鐵平底鍋最厲害的技能。這種鍋子兼具蓄熱性與保溫性，可以慢慢地煎煮料理，但是鐵又有某種程度的厚度，因此不會把食材的表面煎得太焦。

野村　沒錯。比如說煎雞肉，能煎得酥酥脆脆，煎出非常漂亮的焦色。光是看到成果就讓我很開心，食欲也大增。能在日常生活中發現這種小快樂，讓人更開心（笑），不是嗎？

熊澤　照野村小姐這樣說，不就更常看到鍋具了（笑）。

野村　今天我想做出這樣的焦色，我想做「酥脆鹽漬牛肉與馬鈴薯薄片」、「菠菜舒芙蕾蛋捲」、「鯷魚與綠醬炙烤紅金眼鯛」這三道料理。

熊澤　哇，好期待喔。光聽菜名我就快流口水了。其實十八公分的平底鍋太小，我家沒在用。但是看到你如此使用，讓我也很想要一個。我又胡亂增加鍋具，會被我太太罵：「都已經沒地方可以放了」。

野村　以前拍電影《eatrip》時，拍攝了打蛋後蛋汁在平底鍋裡流動的鏡頭，看到大銀幕上播出這畫面時我非常感動。黃色的蛋黃擴散開來的樣子既鮮豔又鮮明，非常漂亮，讓我的心情高昂。

熊澤　生鐵平底鍋加熱到熱騰騰時，一放入食材，食材就會在鍋中跳躍起來。

野村　食材放入的瞬間會發出「ㄘ」的聲音，光聽到那個聲音就讓人興奮。畢竟每天都做菜，總是需要有個「啟動」的開關，這一點很重要。

重新評估簡單料理法

野村　這種平底鍋在你們店裡賣得好嗎？

熊澤　現在在我們店裡，這種鍋子是最暢銷的商品。看著我們店裡的廚房用具銷售狀況，就能清楚地了解到大家生活方式的改變。

野村　怎樣的改變？

熊澤　以前義大利料理風行時，銷售最快的是最適合拿來煮義大利麵的鋁製平底鍋；西班牙料理流行時，換成西班牙海鮮飯平底鍋賣得最好；但最近大家風靡的不是國外的新奇用具，受歡迎的是日本從以前就在用的廚房用具。

野村　原來如此。以前賣不好的東西現在開始暢銷了。

熊澤　例如刨柴魚盒，以前很少有人買，近來偶爾賣到缺貨，似乎很受歡迎。在家裡自己刨柴魚、煮湯頭，越來越多人追求和袋裝柴魚不同的風味。

「我家沒有這種尺寸的平底鍋，但看到妳如此使用，會很想要一個」——熊澤

RECIPE_1

酥脆鹽漬牛肉與馬鈴薯薄片

材料（1 人份）

馬鈴薯…1 個
太白粉…2 小匙
橄欖油…1 大匙
鹽漬牛肉…40g
鹽…適量
辣椒粉（Paprika Powder）…適量
紅辣椒粉（Chilli Powder）…適量
酸奶油…1 小匙

作法

❶馬鈴薯切細絲，加入鹽漬牛肉充分混合，暫放一旁，等它自己出水（鹽漬牛肉已有鹽分，請依個人喜好加鹽）。

❷將太白粉加入 1 中，攪拌均勻。平底鍋加熱，倒入橄欖油，將馬鈴薯絲撒入鍋中，均勻地鋪平。待煎至焦色時，轉小火，慢慢將兩面都煎熟。煎好後，灑上辣椒粉與紅辣椒粉，淋上酸奶油。

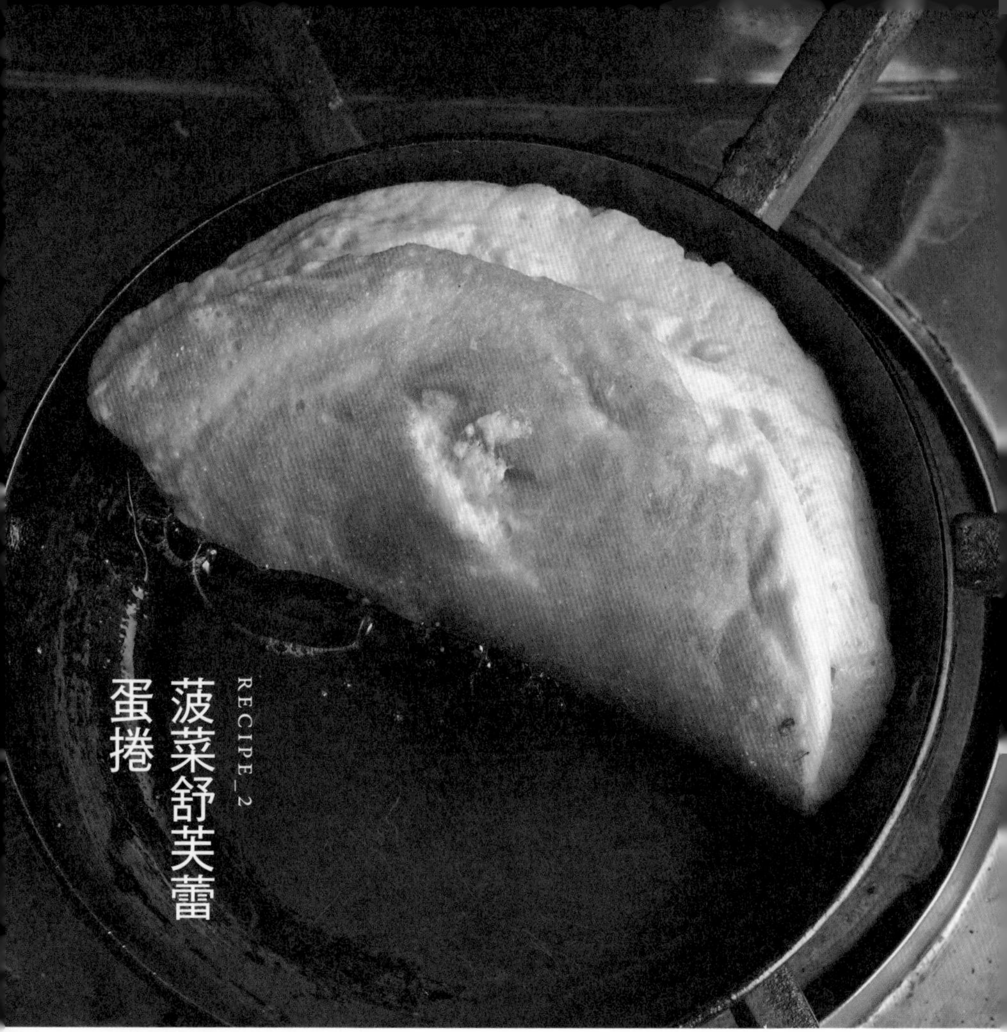

RECIPE_2

菠菜舒芙蕾蛋捲

材料（1 人份）

蛋…1 顆
鮮奶油…1 小匙
鹽…1/3 小匙
胡椒…適量
奶油…20g
菠菜…4 片
※完成後可依個人喜好撒上適量起司粉。

作法

❶平底鍋加熱，放入 10g 奶油，再放入切成容易入口大小的菠菜一起炒，灑上些許胡椒，取出。

❷將蛋黃與蛋白分別放入不同的大碗中，將鮮奶油、胡椒加入蛋黃中，攪拌均勻。蛋白中加入鹽，用打蛋器將蛋白打發起泡至泡沫不會滴落的程度，然後與蛋黃快速地混合均勻（多攪拌但別讓泡泡消失）。

❸平底鍋加熱，放入剩下的奶油，倒入 2 的蛋汁，再灑入 1。底部煎至帶焦色時，用木鏟將蛋摺對半，靠在平底鍋的邊緣數秒讓它成形，煮熟後即完成。

（文接147頁）

野村　這真的是很棒的事。

熊澤　現在有很多高性能的電鍋，但來我們店裡想買鐵釜來煮飯的人變多了，其中有專業廚師，也有一般客人。炭火爐也賣得不錯。看來大家想的已經不是烹調出不同味道的料理，而是想引出食材原本的美味，重新追求那種最根本的簡單料理。

野村　確實是如此呢。每年夏天我們都會去山中的家住，那裡有田地，幾年前我們開始種菜，種了五種番茄、十種茄子，馬鈴薯多達十五種，每一種都很好吃，平常不吃蔬菜的姪子，從我們田裡摘下來的蔬菜他卻吃得津津有味。吃不完的蔬菜我會拿到店裡烹調，加入菜單裡，盡量思考出能讓蔬菜發揮各自美味的料理。

熊澤　因為烹調法變簡單了，大家也開始注意到與其配合的鍋具或廚房用具，手工生鐵平底鍋大受歡迎就是這個原因。

「因為使用久了，覺得它很可愛，完全不想借給別人用。」
——熊澤

野村　因為是鐵製的，所以會生鏽，雖然保養比較費事，但這樣多花點工夫是令人開心的，希望大家都能體會這種心情。

身邊的東西只有嚴選過的物品

野村　隨著年紀的增長，我對食物與生活都有自己的堅持，尤其是調味料與廚房用具，我覺得我比以前更在意了。廚房用具更是每年都吸引著我，我不是想不斷買新的，總得來說，我身邊不會放不用的東西，基本上我也不想增加東西。可能的話，我只想放必要的物品。

熊澤　我們使用的廚房用具不是多功能的，每一樣用具都可說是笨拙的，都只會做一件工作而已，但它會做的那件事，完全不會輸給其他用具。日式菜刀就是最好的例子，功能分得很細，有許多擁有各自本事的專家。但我想，正因為使用這樣的用具，才能創造出獨創、優美的和食。

野村　我常送人長筷子與芝麻煎網，雖然它們屬於專業用具，只在特定時刻才派得上用場，但那種時候如果有這些用具在手邊就會很開心。而且會很想使用它們。使用長筷子時，一定得加上蘿蔔嬰才行（笑）。

熊澤　有了這些廚房用具，生活會更愉快、更豐富。

野村　更重要的是，這些廚房用具外形可愛，無論什麼時代都不退流行，具有普遍性與美感。

熊澤　沒錯。而且只要好好保養，就能長長久久使用下去，維持著良好的狀態。

野村　它們的觸感與色澤確實很沉穩，讓人感受到其價值。

熊澤　在使用時也是，你越是使用越是愛用，越會覺得他們好可愛，然後就完全不想借給別人了。會覺得這個是我的，你用別的（笑）。

野村　啊，我了解。我對這個平底鍋就是這樣，在我使用後，油慢慢浸潤至鍋中，變得黝黑閃亮，我也越來越喜愛它。因為太愛它了，就把它放在我隨時看得到的地方，如果沒看到它就會不開心，所以我也不會把它收進架子裡。

熊澤　光是往後退一步來看廚房，就覺得像是一幅畫。

野村　然後呢，因為我每天都看得到它，就想說那就用它來做菜吧。於是就變成每天都用了。

熊澤　你真的跟它建立了很好的關係呢。像這樣與用具相處的話，我想用具也會很開心，經由你每次對它的保養，它的表情也會慢慢改變。

野村　像這樣能與用具一起生活，一定會過得更愉快。啊，菜也快煮好了。

熊澤　哇，看起來好好吃。就快來吃看看吧，今天聽到許多寶貴的意見，真的很有收穫。

野村　我也是，聽到許多廚房用具的事，好開心呀。

「我想把喜愛的廚房用具放在我隨時看得到的地方，不想把它收起來。」——野村

RECIPE_3

鯷魚與綠醬炙烤紅金眼鯛

材料（2 人份）

紅金眼鯛…2 片
鹽…適量
高筋麵粉…適量
橄欖油…適量
水…40cc
鯷魚…1 大匙
酸豆…2 大匙
檸檬…適量

〈綠醬〉

蒜頭…3 瓣（切末，約 2 大匙）
橄欖油…4 大匙
義大利香菜…半包（切末）

作法

❶先做綠醬，將橄欖油倒入平底鍋中，加入蒜頭，以小火加熱，慢慢煮至有香味傳出、蒜頭帶點焦色後，加入義大利香菜，熄火。

❷紅金眼鯛兩面都灑上些許鹽巴，魚片全都沾上薄薄的粉再下鍋。平底鍋加熱，多加點橄欖油，讓整個鍋子都布滿油。轉大火，先煎有魚皮的那一面。煎至有香味、魚也帶有焦色後，加入水與鯷魚，蓋上鍋蓋，蒸煮至魚的中間熟透，再加入酸豆，煮滾。將紅金眼鯛盛盤，再淋上之前做好的綠醬與檸檬。

能一起聊廚房用具真的好開心。

剛做好的酥脆馬鈴薯薄片是絕品。

更加激發了我對廚房用具的興趣。

野村友里

日本餐飲監理師，也是「eatrip」活動發起人。從事外燴服務與雜誌連載，也常上廣播節目讓大家知道食物的多元。2009 年製作了人與食物的電影《eatrip》，2012 年在東京原宿開設餐廳「restaurant eatrip」。

後記

何不重新檢視與廚房用具之間的相處？

你一定會發現，我們店裡的商品如今在百圓商店幾乎都有販售，如果只是單純地比較價錢的話，我們一定比不過。例如單柄鍋，店裡販售的是姬野手工鋁製雪平鍋，一個將近日幣九千圓，約莫是百圓商店的九十倍。

但是，以這個價格販售不是沒有原因、其中是有「理由」的。為了讓鍋子更堅固而仔細敲打出鎚目痕，為了讓傳熱均一溫和所以選用厚鋁板，為了不讓木頭把手不穩、發出聲音，前端先做成細圓錐型再鑲嵌進去。每一個都是相當耗費時間的工作，但這全都是為了忠實地尊崇「做出美味料理」這個理由。

買便宜的東西，用到不能用時就丟棄，買新的東西來替換。我想這是無可奈何的事，絕不能說是錯的，但也不能說是好事。

買高品質的東西，只要保養便能長久使用，用自己的雙手好好「馴養」用具。我認為，日本人原本就是生活在這樣的文化裡。抱持著愛與珍惜來對待廚房用具，與用具產生良好的信賴關係，於是到了最後，它們就會昇華成專屬於自己、無可取代的用具。

這本書得以出版受到許多專業廚師的照顧，「高野」的高野先生、「醋飯屋」的岡田先生、「organ」的紺野先生、「魚之骨」的櫻庭先生、「炭火燒

ＹＵＪＩ」的樋口先生，以及野村友里小姐。還有停下手邊工作，跟我談話的「及源鑄造」重量級專業師傅、「山田工業所」的山田社長、「姬野作」的姬野先生、「田中打刃物」的田中先生、「白木刃物」的白木先生、「北川刃物」的北川先生、「川澤刃物工業」的川澤先生、「照姬」的植先生。

還有給我出版機會的ＰＨＰ研究所渡邊先生、佐藤俊郎，拍了很棒照片的三木先生和遠藤先生，設計者細山田先生和藤井先生，插畫家鹽川先生，以及總給我確切建議的出口先生與廣瀨先生，謝謝大家。

我也想借這個機會說，我最喜歡長谷川先生的「釜淺團隊」了，能與大家一起工作，我覺得很榮幸。食譜的部分是我妻子三惠子做的，她廚藝佳，不斷端出佳餚，讓我頗為驕傲。我也很感謝我的父親，寫這本書時，我深切感受到，父親的想法不知不覺地銘印在我心中。

我只懂廚房用具，而我相信，如果你在日常生活中，稍微認真地與這些廚房用具好好相處，一定能讓生活更加豐富。我希望藉由這本書讓大家明白這一點。

二〇一五年三月　於東京合羽橋　熊澤大介

昭和二〇年代

昭和初期

大正時代

釜淺商店的歷史軌跡

1908年（明治41年）
東京八王子出身的初代熊澤巳之助販售鍋釜的「熊澤鑄物店」，於東京合羽橋開店。

1953年（昭和28年）
第二代熊澤太郎繼承，將店名改成「釜淺商店」，意思是在淺草的釜鍋店。

1963年（昭和38年）
第三代熊澤義文入社。配合那時需要瓦斯爐、不鏽鋼貼紙等商品而開始販售，並開發中式爐與釜飯爐等原創商品。

1980年（昭和55年）
此時的釜淺商店是全東京最早開始販售南部鐵器的店家，陸續推出淺鍋、寄鍋等商品。

1991年（平成3年）
為現今的釜淺風格奠定基礎的長谷川滋入社，開始推出為用具刻字的服務。（見65頁）

1993年（平成5年）
引進今日的主力商品「炭火爐」。

2004年（平成16年）
第四代店長熊澤大介繼承。

2008年（平成20年）
在東京廣尾開立分店（已於二〇一二年結束）。

2011年（平成23年）
●4月　認識「EIGHT BRANDING DESIGN」的西澤明洋，形象重塑。並將「良理廚房用具」此一想法文字化。

廚房用具的周邊還有這些事！

1991
泡沫經濟崩盤。
★景氣低迷，餐飲業界陷入愁雲慘霧，來合羽橋的客人也驟減。

1993
富士電視台開始播放「料理鐵人」系列節目。
★人氣廚師上電視節目，大家對料理的關心大增。

1996
「SMAP × SMAP」節目開始播出。「BISTRO SMAP」單元大受歡迎。
★來合羽橋的一般客人開始增加。

2000
前所未有的拉麵風潮席捲全日本。
★重新重視釜鍋與灶。

2007
《米其林指南 東京》創刊。喜愛釜淺商店廚房用具的專業廚師，他們的餐廳有許多家獲得星級。
★來合羽橋的外國人開始增加。

2008
雷曼兄弟事件。
★廣尾店的常客——在日本的外國人驟減。

LOGO 設計更新，店內改裝（2011 年）

攝影（同左邊照片）：宮本啟介

形象重塑（2011 年）

● 11月 與東京澀谷「炭火燒 YUJI」共同開發的炭火爐「YKIT」開賣。

2012年（平成24年）

● 1月 期間限定的店舖「移動式釜淺商店」開始營業。設於東京六本木的「SOUVENIR FROM TOKYO」。

● 4月 店內開設藝廊「KAMANI」。

● 9月 「釜淺的手工生鐵平底鍋」開發、販售。

● 11月 於澀谷 Hikarie 開設移動式釜淺商店。

2013年（平成25年）

● 3月 東京世田谷的 D&DEPARTMENT 東京店開辦「合羽橋的專業廚房用具展～釜淺商店～」。

● 9月 參加巴黎「設計師週」活動。

● 10月 在 D&DEPARTMENT 東京店設立小賣店。

2014年（平成26年）

● 4月 在巴黎「NAKANIWA」藝廊舉辦首次的海外個展與座談「日本菜刀與其背景」。

● 5月 東京六本木的東京 Midtown 開設移動式釜淺商店。

● 6月 澀谷 Hikarie 開設移動式釜淺商店。

● 12月 神奈川縣藤澤市的湘南 T-S-TE 蔦屋書店內開設小賣店。

2015年（平成27年）

● 1月 在舊金山 HEATH CERAMICS 的 HEATH CERAMICS 舉辦展覽「DASHI KATACHI」。第一次在美國舉辦展示與販售活動。

● 3月 熊澤大介第一本書出版。

—— 2011

東日本發生大地震。

★出現重新檢視生活方式的機會。

—— 2012

東京晴空塔開幕。

★大家開始關注東京下町，連合羽橋也變熱鬧了。

—— 2013

「和食」登錄為非物質文化遺產。

★日本廚房用具受到世界的矚目。

—— 2014

受到日圓貶值影響，外國觀光客激增。

在湘南 T-S-TE 蔦屋書店內開設小賣店。

SPECIAL THANKS

謝謝各位參與本書的製作

壽司店「醋飯屋」
老闆　岡田大介
東京都文京區水道 2-6-6
☎ 03-3943-9004
www.sumeshiya.com/

★炭烤爐
「炭火燒 YUJI」
老闆　樋口裕師
東京都澀谷區宇田川町 11-1 松沼大樓 1 樓
☎ 03-3464-6448
yakiniku-yuji.com/

照姫股份有限公司
董事　植大

★手工生鐵平底鍋 SPECIAL
餐飲監理師
野村友里
restaurant eatrip
東京都澀谷區神宮前 6-31-10
☎ 03-3409-4002
eatrip .jp/

非常感謝！

★南部鐵器
及源鑄造股份有限公司

★菜刀
大阪府堺市的師傅
冶煉菜刀　田中義一
冶煉菜刀　白木健一
裝付刀刃　川北一己
裝付刀柄　川澤忠勝

★平底鍋
山田工業所有限公司
CEO　山田豐明

★雪平鍋
姫野作有限公司
CEO　姫野壽一

★專業料理人
和食「高野」
老闆　高野正義
東京都港區新橋 1-11-1 中靜大樓 2 樓
☎ 03-5537-3804
takano-gohan.com/

日本料理「魚之骨」
老闆　櫻庭基成郎
東京都澀谷區惠比壽 1-26-12 flat 16 3 樓
☎ 03-5488-5538

小酒館「organ」
老闆　紺野真
東京都杉並區西荻南 2-19-12
☎ 03-5941-5388

釜淺 商店

東京都台東區松谷 2-24-1
☎ 03-3841-9355
www.kama-asa.co.jp/

熊澤大介

釜淺商店第四代店長。1974 年出生於日本東京淺草，曾在古董店「Pantagruel」（東京惠比壽）、「Organic Design」（東京中目黑）工作，後來繼承東京合羽橋的家業。於 1999 年進入釜淺商店，2004 年繼承為第四代店長。釜淺商店在創業 103 年後的 2011 年進行形象重塑。熊澤大介認為，若能傳達「有理由的廚房用具＝良理用具」這個理念，不論國內外，都能為大家提供一個與廚房用具幸福相遇的場所。

料理道具案內：百年老舖釜淺商店的理想廚房用具

作　　者／熊澤大介
譯　　者／謝　晴
責任編輯／陳詠瑜
封面設計／三人制創
內頁排版／張靜怡

發 行 人／何飛鵬
主　　編／張素雯

攝　　影／三木麻奈
遠藤 宏（P56-57、P84-85、P100-101、P112-113、P140-143）
美術指導／細山田光宣
設　　計／藤井保奈（細山田設計事務所）
插　　畫／塩川いづみ
編　　輯／佐藤俊郎

出　　版／城邦文化事業股份有限公司　麥浩斯出版
Email：cs@myhomelife.com.tw
地址：104 台北市中山區民生東路二段 141 號 6 樓
電話：02-2500-7578

發　　行／英屬蓋曼群島商家庭傳媒股份有限公司城邦分公司
地址：104 台北市中山區民生東路二段 149 號 10 樓
讀者服務專線：0800-020-299（09:30-12:00；13:30-17:00）
讀者服務傳真：02-2517-0999
讀者服務信箱：csc@cite.com.tw
劃撥帳號：1983-3516
劃撥戶名：英屬蓋曼群島商家庭傳媒股份有限公司城邦分公司

香港發行／城邦（香港）出版集團有限公司
地址：香港灣仔駱克道 193 號東超商業中心 1 樓
電話：852-2508-6231　傳真：852-2578-9337

馬新發行／城邦（馬新）出版集團 Cite (M) Sdn. Bhd. (458372U)
地址：11, Jalan 30D/146, Desa Tasik, Sungai Besi, 57000 Kuala Lumpur, Malaysia
電話：603-9056-3833　傳真：603-9056-2833

總 經 銷／聯合發行股份有限公司
電話：02-2917-8022　傳真：02-2915-6275

製版印刷／凱林彩印股份有限公司
定　　價／新台幣 330 元；港幣 110 元
初版一刷／ 2015 年 12 月・Printed in Taiwan
I S B N ／ 978-986-408-106-6

KAMAASASHOUTEN NO "RYOURI-DOUGU" ANNAI

國家圖書館出版品預行編目資料

料理道具案內：百年老舖釜淺商店的理想廚房用具／熊澤大介著；謝晴譯 .
-- 初版 . -- 台北市：麥浩斯出版：家庭傳媒城邦分公司發行，2015.12
160 面：14.8×21 公分 .
ISBN 978-986-408-106-6（平裝）
1. 食物容器　2. 餐具
427.9　　104024752